JN101158

陸・海・空 究極のブリーフィング

宇露戦争、台湾、ウサデン、防衛費、安全保障の行方

小川清史 元陸将
伊藤俊幸 元海将
小野田治 元空将
桜林美佐 防衛問題研究家
倉山満 江崎道朗 + チャンネルくらら

ワニブックス

はじめに――本書について

本書は「チャンネルくらら」（憲政史研究家・倉山満氏が主宰するインターネット番組）がYouTubeで配信している「陸・海・空　軍人から見たロシアのウクライナ侵攻」シリーズを書籍化したものです。

同番組では、防衛問題研究家・桜林美佐氏による司会進行のもと、小川清史元西部方面総監（陸上自衛隊）、伊藤俊幸元呉地方総監（海上自衛隊）、小野田治元航空教育集団司令官（航空自衛隊）という陸・海・空の軍事のプロ中のプロがロシアのウクライナ侵攻を最新情報にもとづいて分析・考察しています。

また、それと関連付けられる形で、日本の安全保障の現状や問題点についても専門家の視点から解説されています。

うれしいことに、毎回のようにコメント欄には「テレビでは絶対に聞けない解説」「地上波でも放送すべきだ」といった賞賛の言葉が並んでいるのですが、裏を返せば、それだけ日本のマスメディアで行われている安全保障の議論のレベルが低いということに他なりません。

確かにウクライナ侵攻以降、日本国内のメディアにおいても、安全保障の議論がにわかに盛り上がりました。「ゼレンスキー大統領はウクライナ国民の命を守るために幸福の決断をすべきだ」「ロシア側の言い分にも耳を傾けるべきではないか」といったズレた意見もあったものの、議論が盛り上がっていたことは間違いありません。

しかし、戦争が長引くとともにやがて世間の関心は薄れていきます。そして2022年7月8日、安倍晋三元内閣総理大臣がテロの凶弾に斃《たお》れるというショッキングな出来事をきっかけに、世間の関心は「ウクライナ」から（問題の本質からはズレているのになぜか）「統一教会」や「国葬」へと移っていきました。安倍元首相が本格的に取り組もうとしていた核保有の議論や、生前の安全保障・外交における功績に関しては、ほとんど報じられることもなく……。

こんな調子で、まともな安全保障の議論が世間一般に定着するはずがありません。こうした状況にどうにか一石を投じられないか――というのが、本書の刊行目的です。

本書に収録されているのは「陸・海・空　軍人から見たロシアのウクライナ侵攻」シリーズ第5回後編～第10回後編までの内容です（「補章」は2022年9月1日配信の【ネタバレあり】

陸・海・空　軍人から見たウクライナ侵攻「マーヴェリックと次世代戦闘機」）。編集にあたり、各先生方には動画収録時よりも詳細に説明等を追加していただきました。各章のはじめ部分には、配信日とその直前の主な出来事を記載しています。

本書の収録内容より後の出来事ですが、2022年9月30日にはロシアがウクライナ東部・南部4州（ドネツク州、ルハンスク州、ザポリージャ州、ヘルソン州）の併合を一方的に宣言するという、世界中を驚かせる事件が起こりました。このようにウクライナ戦争は日々刻々と情勢が変化しているので、もしかすると読者の皆様が本書を手に取られる頃には、すでに本書で交わされている議論の〝答え〟を知っているかもしれません。

しかし、陸・海・空の軍事のプロフェッショナルが、その時々の情報をもとに、どのようにウクライナ情勢を分析・考察していたのかを知ることは、実際の〝答え〟がどうであれ、日本の防衛を考えるとき大いに参考になります。

本書が読者の皆様の防衛・安全保障に対する考えをより一層深める一助になれば幸いです。

最後に厚かましいお願いですが、ぜひ本書をご家族・ご友人ら周囲の人々にも薦めてみてください。

ウクライナ侵攻をきっかけに、日本人の国防意識は以前よりも確実に高まりました。しかし、残念ながら日本には未だに「軍事に関係する議論が盛り上がれば、周辺国を刺激してしまう。そうなれば、かえって日本が危険にさらされてしまう」と〝誤解〟している人が少なからずいます。その誤解がこれまで軍事・防衛・安全保障の議論をタブー視する〝空気〟を生んできました。

日本は他の国に比べて、圧倒的にそれらの議論の〝量〟が足りません。「量より質」が大事なのも確かですが、どの分野でも往々にして〝量〟が〝質〟を高めます。

本書をきっかけに軍事・防衛・安全保障に関する会話の輪が日常生活レベルで広がり、議論の〝質〟を高める〝量〟を生み出すことができれば、編集に携わった者としてこれ以上の喜びはありません。

2022年11月

ワニブックス編集部

第一章》プーチンは核を使うのか

ロシアの侵攻で破壊されたウクライナの街

第二章》 宇露戦争、約100日のエンドステート、優勢、劣勢の見方

撃沈されたミサイル巡洋艦「モスクワ」（2012年）

第三章 ウサデン（宇宙・サイバー・電磁波）という戦場

スペースX社などから提供された地上端末に囲まれてアピールするキーウ市長ビタリ・クリチコと弟

第四章 防衛政策の展開

アジア屈指の世界都市、台湾の首都・台北市

第五章 インテリジェンス、兵器備蓄、ランチェスターの第二法則

バージニア州ラングレーにあるCIA本部

第六章 ≫ 第四次台湾危機と安倍元総理の功績

総理大臣官邸で会見する
安倍晋三元首相
出典：首相官邸ホーム

補章》『トップガン・マーヴェリック』と次世代戦闘機

米海軍の空母艦載機
F／A－18E
スーパーホーネット戦闘機
©Nori/PIXTA

ウクライナ侵攻の主な出来事〔2022年4月末まで〕

2月21日　ロシアのプーチン大統領がドネツク、ルハンスクの独立を一方的に承認。
2月24日　プーチン、ウクライナ東部での「特別軍事作戦」開始決定を発表（ロシアのウクライナ侵攻開始）。
2月25日　ロシアの地上軍が北部、東部、南部からウクライナ国内に侵攻
2月27日　プーチン、核戦力を念頭に、抑止力を「特別警戒態勢」に引き上げるよう命令。
2月28日　ロシアは累計380発以上のミサイルを発射、事前にウクライナ周辺に兵力を結集させたロシア、部隊の75%近くをウクライナ国内に投入。
3月2日　キエフ（キーウ）、チェルニヒウ、ハルキウ等のウクライナ北半では、ロシア軍の前進を阻むウクライナ軍の抵抗が継続。
3月8日　マリウポリは孤立しているが交戦中、オデーサは陸方向から攻撃が計画されている模様。
3月17日　マリウポリは変わらず、ロシアは包囲状態作戦開始以来、1000発以上のミサイルを発射。
3月18日　作戦開始以来、ロシアは1080発以上のミサイルを発射。
3月22日　アゾフ海に所在するロシア艦艇が、マリウポリに対し砲撃。
3月25日　アゾフ海沿岸のベルジャンシクで、ウクライナ軍がロシア揚陸艦を破壊。
3月30日　キエフ北部及び北西部から配置転換されたロシア軍部隊の規模

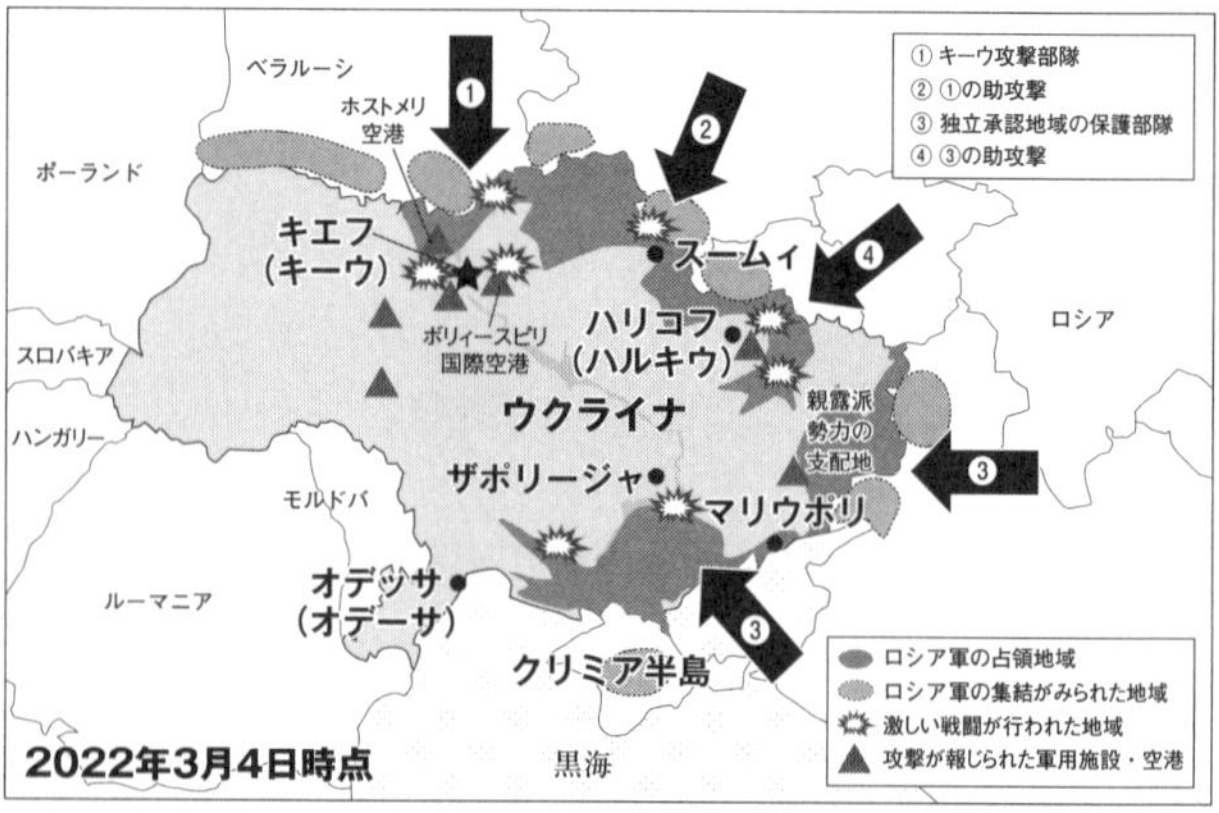

ロシア軍によるウクライナ侵攻の状況（防衛省 HP の資料をもとに作成）

は、全体の20％未満であり、ベラルーシ方面に移動しているが、常駐地には帰還していない。他方、爆撃、砲撃及び航空攻撃は継続。

3月31日 ロシア軍はキエフ北部及び北西部からの移動を継続、約20％の戦力が移動。一方で、キエフ及びその周辺に対する砲撃や航空攻撃は継続。チェルニヒウ周辺でも戦闘が継続。
ロシア軍の重要目標であるマリウポリでは激しい戦闘が継続しているが、ウクライナ軍は同市中心部を保持。
ロシアのミサイル発射累計数は１４００発以上。

4月2日 ウクライナ軍はロシアの航空・ミサイル作戦の大規模な妨害を継続。

4月3日 ロシア海軍は、ウクライナ軍が海上経由で補給できないよう、ウクライナの黒海及びアゾフ海沿岸の封鎖を継続。

4月5日 マリウポリの人道状況は悪化の一途。16万人の市民の多くは、通信、医薬品、電気、燃料、水がない状態。ロシア軍は人道支援活動の接近を妨害。

4月6日 ロシア軍は、ウクライナ東部における攻勢作戦の進展を主要な焦点とし、ドンバスの接触線において砲撃及び航空攻撃を継続
ウクライナ国内のインフラに対するロシア軍の攻撃は、ウクライナ軍の補給能力を制約し、ウクライナ政府への圧力の強化を企図したものと推測。

4月7日 ロシア軍は、ウクライナ北部においてはベラルーシ及びロシアに完全に後退。少なくともその一部はドンバス地域における戦

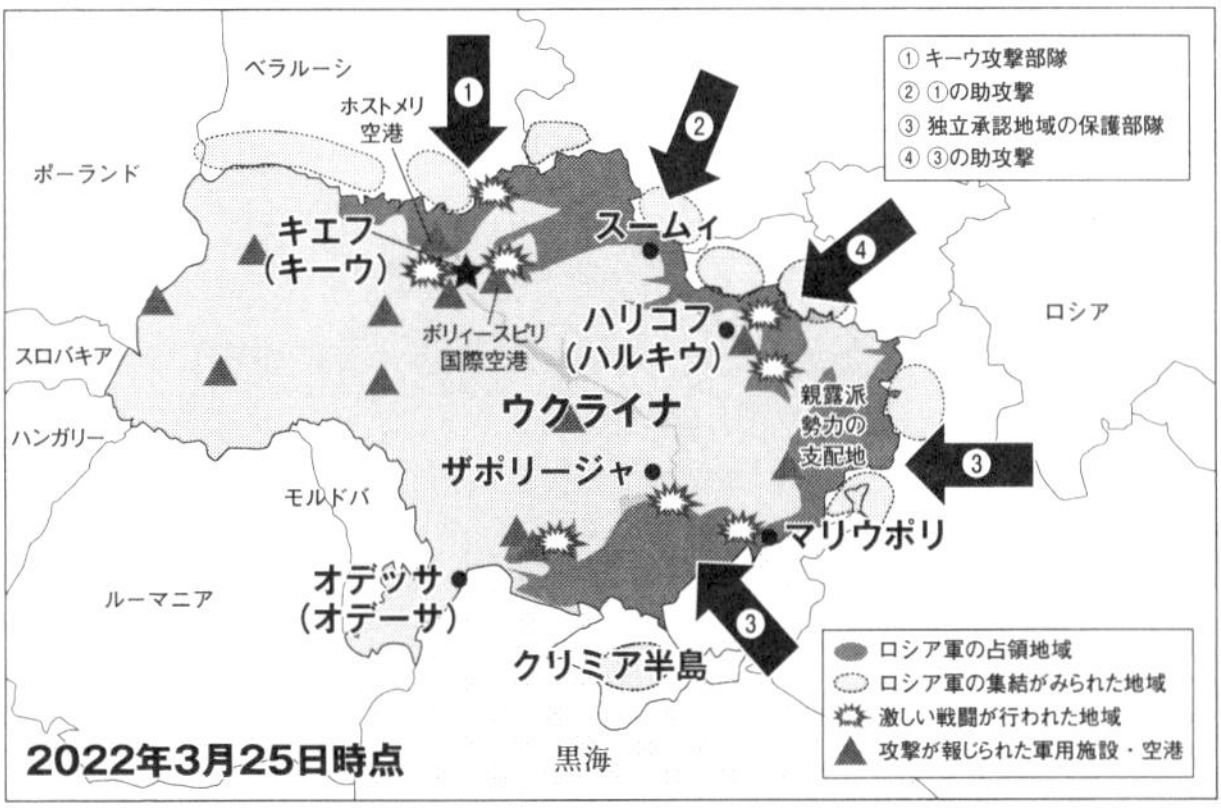

ロシア軍によるウクライナ侵攻の状況（防衛省 HP の資料をもとに作成）

闘のためウクライナ東部へ転用される見込み。

4月8日 ロシアがウクライナで利用可能な戦闘能力は、作戦開始時の80～85％。

ロシア軍は、人員の損耗に対応するため、２０１２年以降の除隊者による増強を検討。人員補充策とし「沿ドニエストル共和国」からも募集。

4月10日 ドネツク州及びルハンスク州において、ロシア軍は砲撃を継続。ウクライナ軍の個々の反撃により、ロシア軍の戦車、車両及び火砲が破壊。

4月14日 ロシア国防省は、黒海艦隊旗艦「モスクワ」が「重大な損傷」を被り、乗組員全員が退避したことを明らかにした。ウクライナ、オデーサ州知事は、対艦ミサイル「ネプチューン」で深刻な打撃を与えたと述べた。

4月16日 ロシア国防省は、マリウポリの市街地全域を完全に制圧したと発表。

4月18日 ロシア大統領府は、プーチン大統領が、ブチャでの虐殺に関与したとされるロシア軍の第64独立自動車化狙撃旅団に対し、「親衛隊」の名誉称号を授与する大統領令に署名したと発表。

4月20日 EUのシャルル・ミシェル欧州理事会議長はキエフを訪問し、ゼレンスキー大統領と会談。ミシェルは会談後、ゼレンスキーとの共同記者会見で、侵攻終結までウクライナを全力で支援することを約束。

4月21日 ロシア政府は、ロシア軍がマリウポリを完全に掌握したと改め

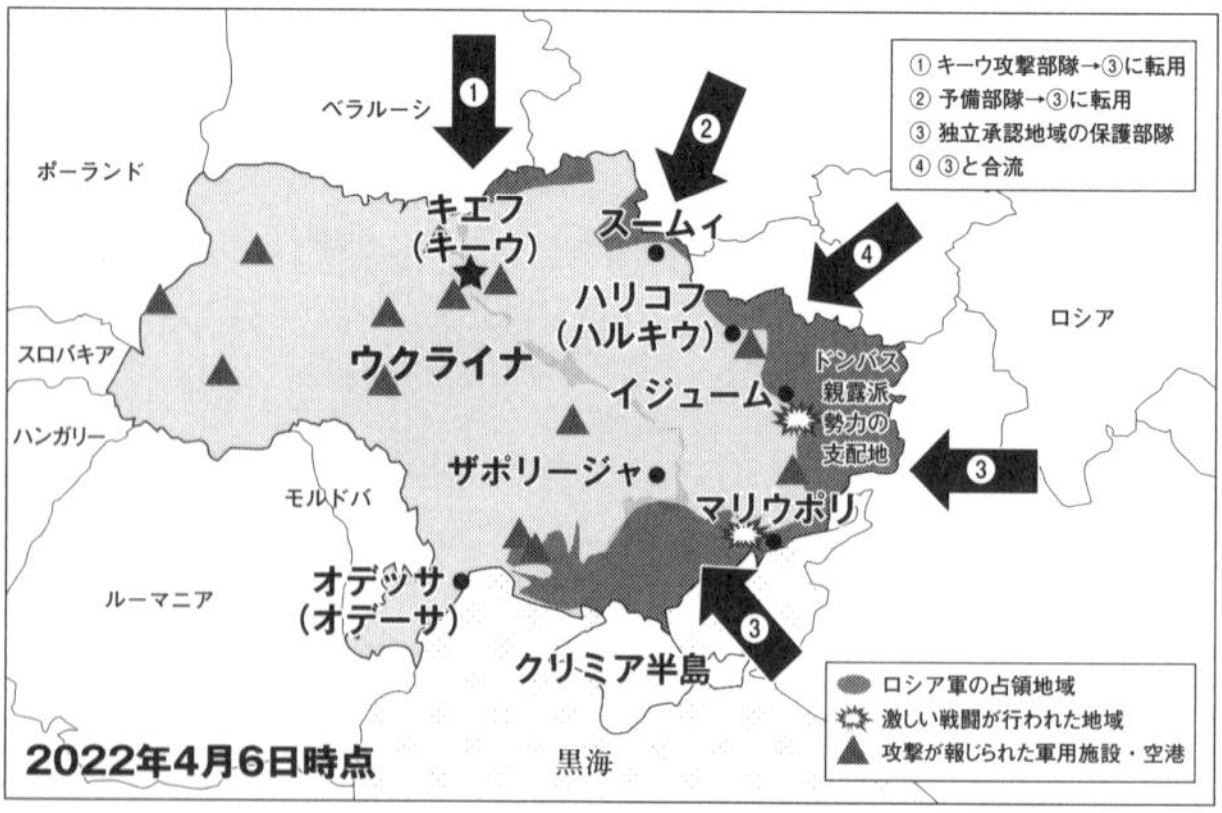

ロシア軍によるウクライナ侵攻の状況（防衛省 HP の資料をもとに作成）

て発表。プーチン大統領は、ウクライナ兵が立て籠もり徹底抗戦を続けるマリウポリのアゾフスタリ製鉄所への総攻撃を中止し、「ハエ一匹逃げられないよう」封鎖するよう命令。

ゼレンスキー大統領は、ロシアがマリウポリを掌握したと発表したことについて、これを否定。

デンマークのフレデリクセン首相とスペインのサンチェス首相がキエフを訪問。ゼレンスキー大統領と会談し、ウクライナに追加の軍事支援を約束。

4月24日 米国ブリケン国務長官とオースティン国防長官がキエフを訪問し、ゼレンスキー大統領と会談。7億ドル（約900億円）超の直接・間接的な追加軍事支援を約束。

4月26日 国連のグテーレス事務総長はプーチン大統領とモスクワで会談。プーチンは、軍事侵攻はウクライナ東部のロシア系住民を保護するためだと改めて正当性を強調。

4月28日 グテーレス事務総長はキエフでゼレンスキー大統領と会談。会談後の記者会見で、国連安全保障理事会がロシアのウクライナ侵攻を阻止できなかったと批判。「大きな失望といら立ち、怒りを覚えている」と語った。

4月30日 マリウポリの製鉄所の中に立て籠もっている約1000人の民間人の解放について、ロシアとウクライナで協議が継続。

米国のナンシー・ペロシ下院議長は予告なしでキエフを訪問。ウクライナのゼレンスキー大統領と会談。

※防衛省HP「ウクライナ関連」や各種報道などを参考に作成

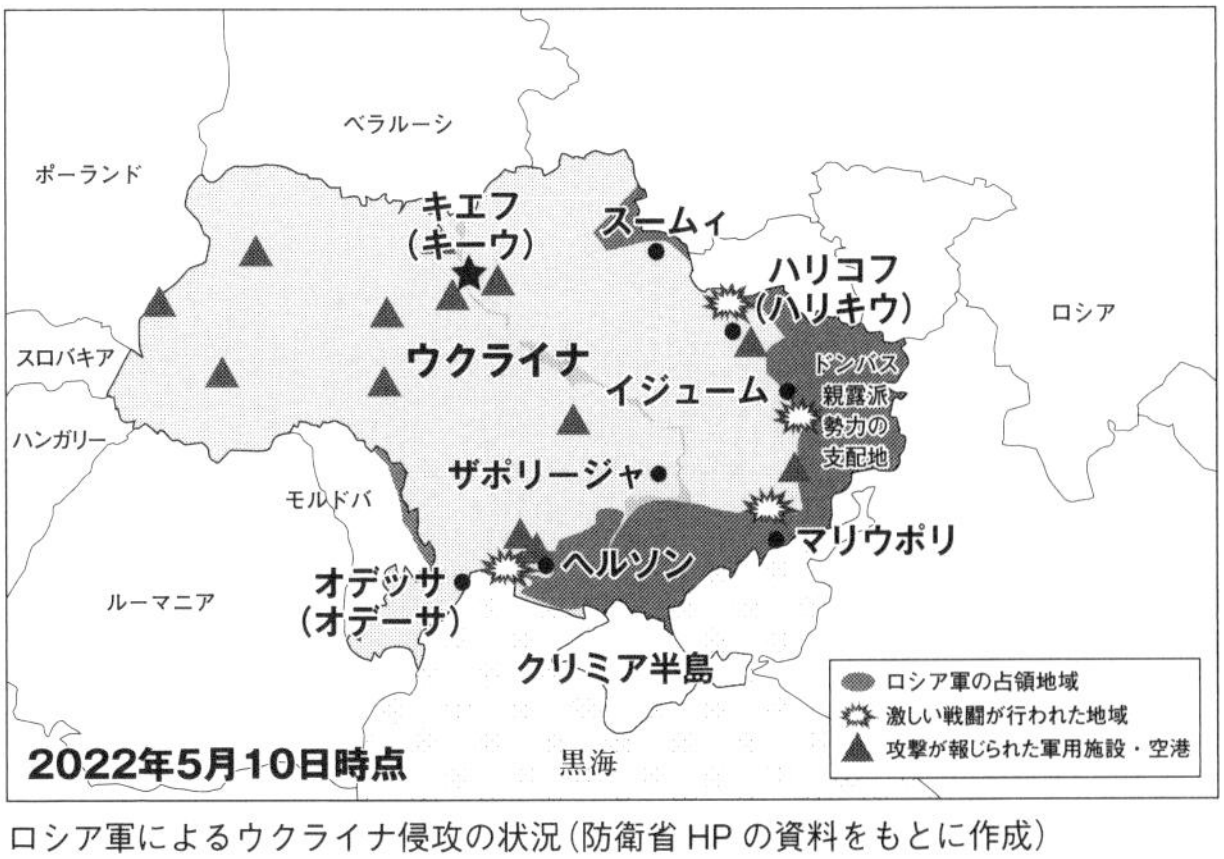

ロシア軍によるウクライナ侵攻の状況（防衛省 HP の資料をもとに作成）

ウクライナ周辺図

協力：「チャンネルくらら」松井プロダクション
装丁・本文デザイン：木村慎二郎
一部構成協力：佐藤春生事務所
地図作成・構成協力：オフィス三銃士

※敬称につきましては、一部省略いたしました。役職は当時のものです。
※章扉に使用している画像は「AdobeStock」と「写真AC」のものを使用しております。
※本文内の写真にクレジットがないものはパブリックドメインです。
※地名のルガンスク、ルハンシクは「ルハンスク」に統一して表記しています。
※地名のハリコフ、ハリキウは「ハルキウ」に統一して表記しています。

第一章
プーチンは核を使うのか

ロシアのBTGと自衛隊諸兵科連合の違いは？

本章は「チャンネルくらら」2022年5月28日に配信された動画「陸・海・空　軍人から見たロシアのウクライナ侵攻」第5回後編にもとづき編集作成したものです。

ウクライナ侵攻の主な出来事〈2022年5月前半〉

5月3日　ゼレンスキー大統領は、ロシアが2014年に併合を宣言したクリミア半島も奪還目標とすることを表明。

5月6日　ウクライナのニュースサイト「ドゥムスカヤ」は、ロシア軍のフリゲート艦アドミラル・マカロフにウクライナの対艦ミサイル「ネプチューン」が命中し、火災が起きていると報道。

5月7日　ロシア軍がルハンスク州ビロホリフカの学校を空爆し、避難民のうち約60人が死亡したとゼレンスキー大統領が発表（8日）。

5月8日　東欧訪問中のジル・バイデン米大統領夫人はスロバキアから国境を越え、ウクライナに入国。バイデン夫人はゼレンスキー大統領の妻のオレーナと会談。

5月9日　ロシアのプーチン大統領が対独戦勝記念日の演説でウクライナでの軍事行動を改めて正当化するも、「戦争」宣言への言及はなし。

5月12日　国連難民高等弁務官事務所はウクライナから国外に逃れた難民が600万人を超えたと発表。

5月14日　プーチン大統領は、フィンランド大統領との電話会談で、同国のNATO加盟申請に言及し、「軍事的中立の政策を放棄することは間違いになる」と警告。

5月15日　ウクライナ国防省は、ハルキウ北方のロシア軍を撤退に追い込み、ロシアとの国境に到達したと発表。

フィンランドが、NATOへ加盟申請する政府方針を決定。

※防衛省HP「ウクライナ関連」や各種報道、ウィキペディアなどを参考に作成

ロシアの軍隊組織ＢＴＧの問題点

桜林美佐［以下、桜林］：日本の自衛隊は諸兵科連合[※1]の原則にもとづいて組織され運用されると言われています。ロシアのＢＴＧ[※2]との違いはどういった点にあるのでしょうか。

小川清史元陸将［以下、小川（陸）］：現在のロシアはＢＴＧの編成をとっています。一方ソ連

※1　諸兵科連合（combined arms）：異なる兵器及び兵器システムは協調して活用され戦闘効果を最大化する必要があるという、ほぼ世界共通の軍事コンセプト。兵器システムをまとめるのが大隊、中隊などの組織の役割であり、統合されたチームのもとでそれぞれの兵器の効果を補完または助長する技術をもって戦術と作戦が実行されるという考え方。参考『Toward Combined Arms Warfare』(Captain Jonathan M. House, U.S. Army,1984)

※2　ＢＴＧ：ロシア軍の編成単位の呼称。大隊戦術群あるいは大隊戦術グループと訳される。ロシア語での発音はベーテーゲー。英語によるフル表記はBattalion Tactical Group。前書『陸・海・空 軍人によるウクライナ侵攻分析－日本の未来のために必要なこと』で詳しく触れたが、判明している限りで、ＢＴＧには「戦車主体ＢＴＧ」と「機械化歩兵主体ＢＴＧ」の2パターンがある。戦車主体ＢＴＧは戦車3個中隊を主体とした大隊編成、機械化歩兵主体ＢＴＧは歩兵中隊3個を中心とした戦車を含む大隊編成で、その違いは比率的に戦車が多いか歩兵が多いかという点による。大隊には戦車や歩兵のほかに砲兵中隊、高射中隊、施設中隊、補給隊等があり、大隊本部と本部中隊を合わせて800人から1000人の人員によって1個のＢＴＧが編成（組）される。

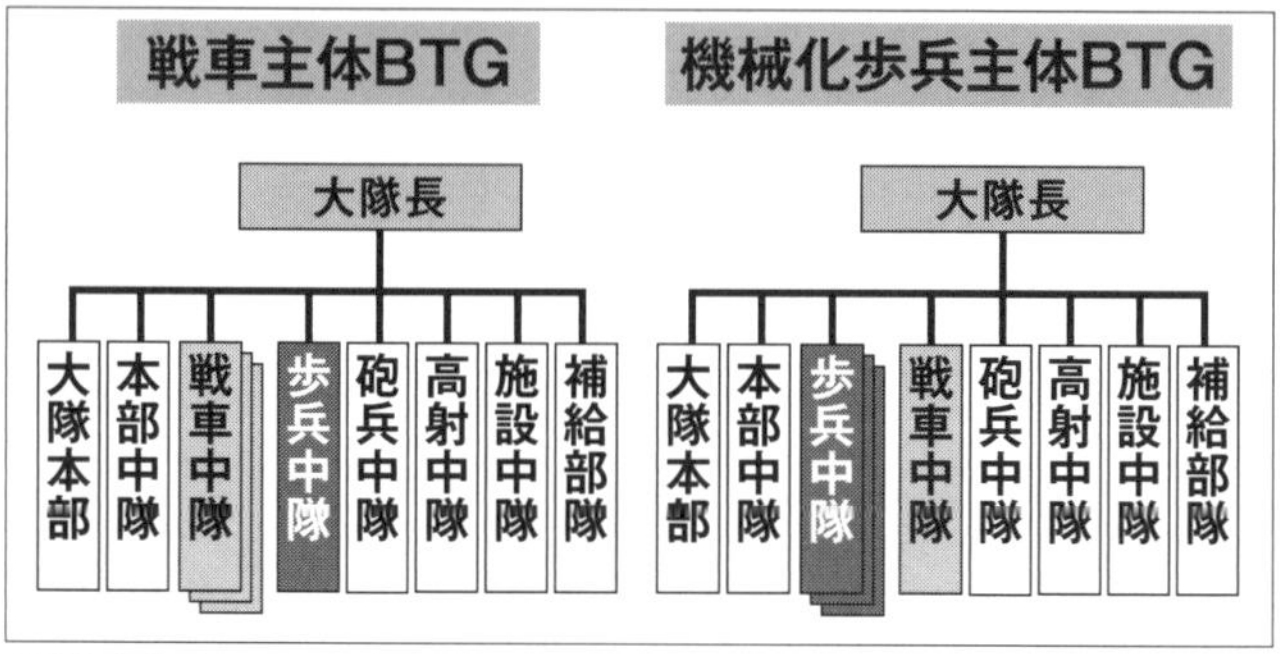

大隊戦術群（BTG）の編成

時代は諸兵科連合軍という形で、砲兵中隊、高射中隊、施設中隊、補給部隊といったそれぞれの別の職種部隊を最初から一体化して連隊レベルの編成でした。規模こそ違えど、ロシアのBTGは、ソ連時代と同じく有事の運用と普段の管理を一緒にしている、という状態なんです。一方、自衛隊の方はというと、これは最低限のことしか喋れないわけですけれども……。

桜林：言える範囲でということで（笑）。

小川（陸）：「連隊戦闘団」などと呼ばれるのですが、連隊クラスで組む場合には、やはりBTGと同じようにいろいろな職種部隊を連隊長の指揮下に組み込み、連隊長がそれを運用するわけです。連隊長は「フォースユーザー」、つまり各職種部隊を「使う」人ということになります。一方、訓練した一個中隊をその普通科連隊長に与える戦車大隊長のように、各職種部隊を連隊側に「渡す」人は「フォースプロバイダー」と呼ばれています。自衛隊にはこうしたフォースユーザーとフォースプロバイ

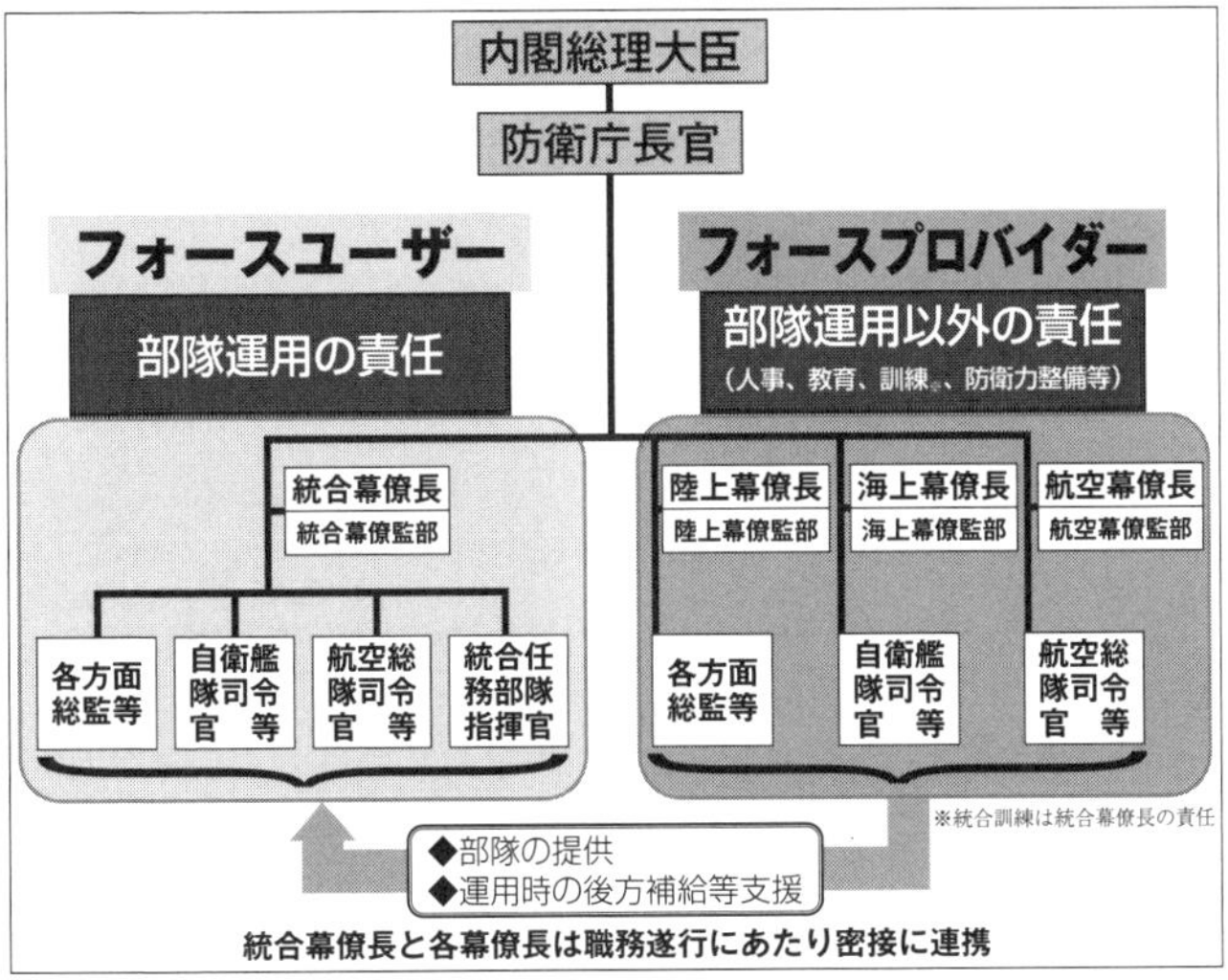

統合幕僚長と陸・海・空幕僚長の関係

ダーの役割分担があり、フォースプロバイダーが隷下の部隊を管理育成して、いざ連隊クラスで使うという時に部隊をまとまった形でフォースユーザーに提供します。

身近な例で言うと、両親は赤ちゃんを産んだ後、きちんと栄養管理した食事を与え、家庭での躾や習いごとにより教養を付与したりして、さらに学校などでいろいろなことを学ばせながら一般常識の感覚を身につけさせて、コミュニケーションがとれる、しっかりした大人の日本人に育てていきますよね。そうしてものすごい時間と手間をかけて育てたその子が、やがて会社に入ります。会社はその子を社員として採用した上で経済活動に参加をさせて、日本の経済に貢献していく。この場合、会社はフォース（人材）ユーザーで、その子を育てたお母さんお父さんがフォース（人材）プロバイダーです。

人材プロバイダーたるお母さんお父さんはとても大変で、そのご努力と頑張りにはものすごいものがありますよね。自衛隊でもフォースプロバイダーの側には、似たような苦労がありま す。大変な労力を使って訓練することによって部隊を育て、人事管理を行い、隊員にしっかりとした精神を持たせて、団結力を高めていきます。少なくともその部隊の単位では決して団結力が崩れないぐらいしっかりと高めてから、連隊に渡していきます。つまり、それぞれの部隊において縦割りの個別最適をしっかりとつくった上でフォースユーザー側に渡し、フォースユーザーが全体最適を達成するべく作戦を実施します。分業と協働をきちんと分けて、管理を無理なくやっていく仕組みです。

小野田治元空将［以下、小野田（空）］：ロシアはそれが一つになってしまっていて、しかも、それがずっとそのままだということでしょうか？

小川（陸）：ＢＴＧを基本的な単位として固定化しているということですね。ということは、部隊が小さくなればなるほど、部隊の個別最適の訓練がしっかりできるかといえば、それはかなり疑問であるというわけなんです。

伊藤俊幸元海将［以下、伊藤（海）］：スポーツで言うなら、プロになっていないということですね。

小川（陸）：はい。ずっと試合ばかりしている野球のチームが強くなるかといったら、そうはならないでしょう。時間をかけて基礎トレーニングをしっかりとやって、連係プレーを練習して、個々の選手をメンタル面も含めて育て上げ、そしてチーム全体を育ててから、試合に臨む。この育成と試合のバランスが絶対に必要です。育てる方と使う方、このバランスをしっかり保って人とチームを育てていかないと強い部隊というものはつくれません。

大隊長の育成方針の違い

桜林：大隊長の立場に立つ人を育てるということがとにかく大きいということになるのでしょうか？

小川（陸）：そうですね。1989年のことですが、アメリカの歩兵学校に留学した時に、「ファイブ・パーセント・パーソン（Five Percent Person）」という言葉をけっこういろいろなところで聞きました。

桜林：ファイブ・パーセント？

小川（陸）：はい。「上位5％の人間がアメリカを支えている」という意味なんです。「それは陸軍では誰なんだ？」と尋ねると当時の大尉である教官が「大隊長以上がそれにあたるんだ」と胸を張って答えていました。アメリカ軍、特に陸軍では、野戦部隊の指揮官（大隊長）となる中佐をつくる[※3]というのが最重要な人材育成目標です。その上の大佐や将官になる人については、そこからの育成が別の次元で用意されます。米陸軍は人材育成目標にしっかりと焦点をあてて、野戦部隊の指揮官である大隊長、すなわち中佐をつくらなければいけないということです。

一方、ロシア陸軍はソ連時代から、正面幅1000㎞や1500㎞という大平原で戦ってきた陸軍ですから、ユニットとなる師団、連隊、大隊を編成して必要な訓練をして、大平原をカバーするように第一線に一気に投入していく方式が必要だったのだろうと思います。したがって、言われたことを言われた通りに実行する部隊というものをつくらざるをえなかったんだろうと思います。ロシア軍にはソ連軍時代の名残がどうしてもあると思います。大隊長クラスについても、「自分で考える」というより「上から言われたことを成し遂げていく」という発想を中心に置いた人材育成がずっと行われてきました。この数年間でそれを変えようとはしてきているけれども、なかなか間に合っていないと聞いています。

桜林：指示待ち大隊長では駄目な時代、ということですね。

権威主義的な国の性格

伊藤（海）：陸上自衛隊のようにフォースユーザーとフォースプロバイダーで分けて運用する形式だと、使う人（フォースユーザー）が全体を最適化していく必要があります。しかし、隊員たちからすると、指揮官は毎回変わるうえ、普段会わない雲の上の人ですよね。

桜林：そうですよね。それでうまくいくのかな、と思ってしまいます。

伊藤（海）：普段は会わない人たちを集めて何かをやるというのは一般的に難しいですよね。たとえば会社でもよくある「総論賛成、各論反対」という状態になりがちです。

小川（陸）：実際には陸上自衛隊は、年に1回、チームを集めた形で訓練をするというのをやっていましたね。

伊藤（海）：「私が指揮官である」という訓示から始まるんでしょう（笑）。

桜林：（訓示を行う編成完結）式は、やはり大事です（笑）。

※3　米軍の大隊は4~6の中隊、約1000人の兵士で構成される。通常は中佐が指揮し、限られた範囲と期間の独立した作戦を行うことができる。

小川（陸）：通常は、その前にすでに1回以上、指揮所訓練または実動訓練を済ませています。いきなり本番に臨んでも全然駄目ですからね。シミュレーターで行う指揮所訓練の時には、本来のタスクチームを組む指揮官を呼びます。異動によって新しく着任した指揮官は、固有編成の上級指揮官に次いでアタッチされる上級指揮官のところにも挨拶に行きますね。

小野田（空）：ちょっと官僚的な話で申し訳ないのだけれども、そこで、やはり難しいと思うのは人事権、ようするに評価の問題です。自衛隊の場合だと、フォースプロバイダーが人事権を持っています。アドバイスはできるにせよ、フォースユーザーには人事権はないわけですよね。ロシアや中国などの権威主義的な国では、そういう制度は馴染《なじ》まないのではないかと思うんですね。「きちんと成果を評価してほしい」ということを第一に考えるはずです。評価をしてくれる人間ではないところにいって一生懸命働けるのかということですね。ロシアは、このマインドセットが欠けているのかもしれません。だから、運用と管理が一体化しているBTGの方が、評価が非常にシンプルになるので、兵隊も働きやすいところがあるのかもしれませんよ。

小川（陸）：練度の維持向上よりも、人事管理の方を重く見るということですね。

小野田（空）：そうですね。あとは賄賂を誰に渡せば効果があるのか、ということですね（笑）。

小川（陸）：精強性を純粋に追求すると人事制度とは合わなくなることがありえます。つまりどれだけ強く優れているかということと人事の優遇度はパラドックスだとよく言われています。「あちらを立てればこちらが立たず」になりがちなんですね。優遇すればするほど練度が落ちて精強性が落ちるということにもなる。精強性を本当に上げようと思えば、評価されにくい仕組みで、ポストも下げた方がいい、などという場合もあります。精強性追求のために、制度構築などをやりすぎて階級構成を低くしてしまうと士気が落ちることにもなります。どうしてもバランスを考えざるをえないんですね。

桜林：やはり人間の軍隊ということですね（笑）。

小野田（空）：自衛隊は公明正大で、進んでいるということでしょうね。

小川（陸）：今の自衛隊は、世界の中でも先進的なシステムが整備されていると思います。

自衛隊の人事

伊藤（海）：海上自衛隊は、20数年前までは、群司令がいて、隊司令がいて、その下に艦長が全部ぶら下がっていたんですね。「動け」と言われると、隊司令の下の常備の3艦が一緒に動く、といった運用形式でした。でも海外や周辺海域での実任務が増えて、それでは運用できなくなりました。中東アデン湾での海賊対処は、ある隊司令の下にまったく別の隊から1～2隻をぶら下げて「このメンバーで行ってこい」という形になりました。冷戦が終わってからそうなったわけですが、最初はかなり抵抗がありました。ただ海上自衛隊は陸自と違って艦ごとで自己完結していますから、艦長以下の単位で人事を含めたあらゆる管理ができますから本来は問題ないんですよ。それぞれの艦長が主体的に隊司令にぶら下がっていくだけの話なのに、それでも最初の頃はかなり文句が出た（笑）。

小野田（空）：特に潜水艦部隊の抵抗が大きかったんじゃないですか？

伊藤（海）：潜水艦は関係ないです。潜水艦はエリアをもらって、「好きにやってこい」と言われるだけですから（笑）。

桜林：もともと違う（笑）。別格ということですか。

伊藤（海）：好き放題ですね（笑）。

小川（陸）：陸上自衛隊の人事に関して言えば、私が若い頃からずっと思っていたことがあります。幹部の人事評価は、陸幕（陸上幕僚長）以上で行われており、中央の一括管理です。だから、「現場で直上の上司から理不尽な扱いを受けようが、変なことを言われようが、関係ないや」とずっと思っていたんですよ（笑）。

伊藤（海）：さすが、CGS（Command and General Staff Course：陸上自衛隊の指揮幕僚課程）修了ですね（笑）。CGSを出たか出ないかでずいぶん違う。

小川（陸）：それも確かに大いにありますけど、CGSに入る前から、たとえば「この人（上司）に別に評価されようがされまいが関係ないな」と思っていましたね。勤務評定は毎年つけているとは思いますけれども、人事評価というのは将来の伸び率と過去の実績と、両方で見るようになっているでしょう。将来の伸び率の方に自信があれば、「今年の実績評価をヘンテコにつけられてもなんてことないや」、という気持ちがありました。いいシステムになっているなという感じはしましたね。人事評価が現場の上司にだけすべて握られているとなると怖いでしょうね。

伊藤（海）：「まあ、あと一年我慢すれば僕らはいなくなるから」っていう、いわゆる官僚組織のあれですよね（笑）。

小野田（空）：逆の目で見ると、「いわゆる作戦上手な人が偉くなるのか？」というところについては、「わからない」ということになるわけですね。よく言われる話ですけれども、自衛隊は戦ったことがないから。

小川（陸）：ただ、人材をマスの視点で見ると、おそらく、自衛隊内の学校教育で優秀な図上演習指揮ができたり、優れた課題答案を出したりする人は、ある程度、現場の部隊訓練や演習とか戦場でも比較的良い指揮ができると思われます。訓練でできることが実戦でもほぼできると言われるようにです。あくまでも、マスで見た場合ですけれども。なかには、現場に行くと多様な状況の変化に的確・機敏に対応することができない「学校秀才」がなきにしもあらずですが、それは全体からみればそれほど多くはないのではないか、という考えで人事管理されているのだろうと思います。

桜林：そのあたりは陸・海・空で若干違うのかなという気がしなくもないですね。

小川（陸）：システムもちょっと違いますしね。部隊編成といったものは、各軍種ごと、各国ごとにさまざまな要素を考慮した上で組み合わせてつくられていると思います。

プーチンの戦争目的の今

桜林：プーチン大統領のエンドステート（望ましい終結状態・国家目標）、戦争目的について確認をしておきたいと思います。

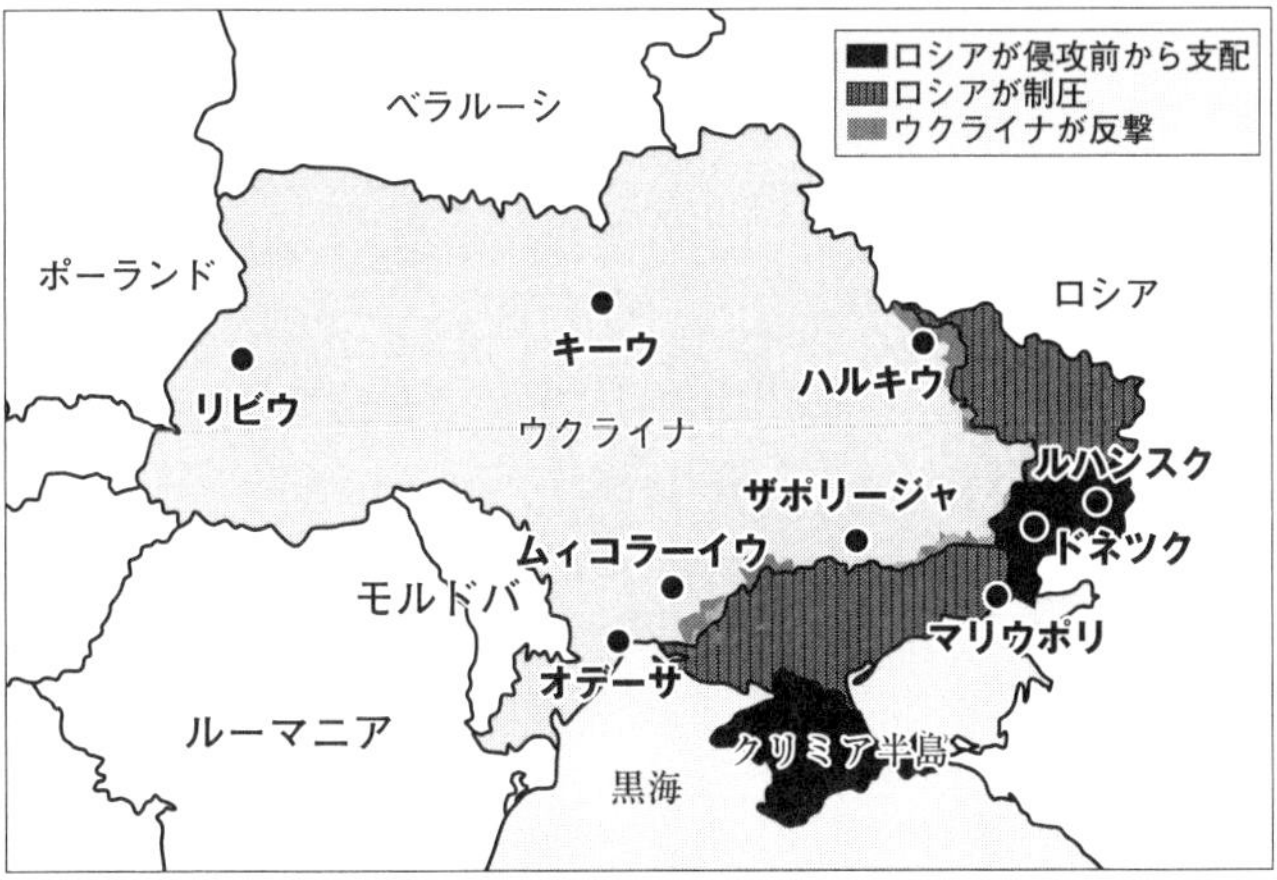

アメリカの政策研究機関「戦争研究所」などの情報をもとに作成（2022年5月時点）

小川（陸）：プーチン大統領の戦争目的が「ウクライナ東部のドネツク州及びルハンスク州のロシア系の人民を守ること」なので、ハルキウ正面は、直接は関係ないんですね。

確かに、ハルキウを抑えておいて、ウクライナが攻めてきた時に側面から脅威を与え、ルハンスク正面の攻撃をしにくくするということはありえます。しかし、ハルキウに余分な兵力を割《さ》くよりは、必要なところ、戦争目的に軍事目標を一致させていく方がいい。今は、ロシアは非常に落ち着いてきていて、引くところは引いてきていると思います。

桜林：冷静なる判断で、ということですね。

小川（陸）：目的以上のことをしても意味がない。クラウゼヴィッツ（19世紀プロイセン王国の軍事学者。軍事戦略論の古典的名著として知られる『戦争論』の著者）の言うように、戦争は政治の延長ですから、軍事は政治に従属します。政治目的を達成するために必要なことに限定して軍事を使うのが最も効果的です。兵力不足が近い将来懸念されるプーチン大統領は、最短距離で必要なことをやっていくことが欠かせないでしょう。今は政治目的から軍事的目標に変換したエンドステートに向かって特別軍事作戦をしていると思います。

核使用の可能性

桜林：2022年5月9日にモスクワで行われた対ナチス・ドイツ戦勝記念の軍事パレードでは、目玉イベントとして注目を集めていたイリューシンの飛行デモンストレーションが天候不良を理由に中止になりました。イリューシンは、IL80という品番の旅客機を改造した飛行機で、地上から司令できなくなる核戦争を見越して大統領や軍事指導者が搭乗して空中から指揮するためにつくられたとされています。そのため「終末の日の飛行機」などとも呼ばれているわけですが、その飛行機がパレードで飛ばなかったということを踏まえ、今後プーチン大統領

イリューシンIL80（2010年5月6日第65回戦勝記念日パレードのリハーサル時にモスクワ上空を飛行）

の核の使用についてはどれぐらいの可能性があるのか、また世界はどのようにこのプーチン大統領の核による脅しに対抗していくことができるのか、というお話を伺いたいと思います。

伊藤（海）：5月9日のパレードは独ソ戦勝利記念の意味合いですから、プーチン大統領が核について触れなかったというのは、それはそれでアリだったということでしょう。私はまだまだ脅してくると思います。核は〝最後の砦〟ですからね。「通常兵器を用いたロシアへの侵略によって国家が存立の危機に瀕した時」には使うという、核使用の条件を明記した核ドクトリン（基本原則）をロシアは公表（2020年6月「核抑止の分野における基本政策」）しているわけですから、残念ながら核使用の可能性はあるのでしょう。

小野田（空）：核兵器使用の蓋然性というのはまったく変わっていません。ロシアの形勢が不利になればなるほど、その蓋然性は高くなると見ています。重要なのは、「ここで言っている核兵器って何？」ということです。よく「戦術核」などと言われていますが、それは何かということです。

ウラジミール・プーチン大統領

ロシアはいろいろな核弾頭を持っていますが、一番小さい核は、広島型の10分の1あるいは15分の1の爆発量です。広島型は16キロトン（kiloton）などと言われています。こうした小規模の爆発力のものだと、使う際のハードルは非常に低くて済む。使用後のいわゆる黒い雨や放射能霧などの問題はあるにせよ、ロシアが核兵器を使うハードルは高くはないのだということをよく認識して対処しなければいけません。

この観点からロシアの核兵器を抑止するのは実に難しくて、アメリカの中でも議論が分かれています。実はアメリカは、この状況に対処しうる同等なもの、つまりロシアの一番小さい核と同じ規模の爆発力の核弾頭を持っていないのです。爆発力の大きい核弾頭しか持っていないんですね。はたして、大きい核弾頭で小さい核弾頭の使用を抑止できるのか。それを使おうとすれば、エスカレーションが始まることになります。アメリカが大きいものを使えば、ロシアもより大きいものを使おうということになります。それを踏まえてバイデン大統領は「第三次世界大戦を起こしてはいけない」ということを言っているわけですね。したがって、アメリカでは「ロシアが持っているような小さな核弾頭を我々も早く持たなければいけない」という議論が、議会の中にも多くあるのです。

ロシアの核に対するアメリカの態度

桜林：バイデンさんは、「潜水艦から発射する低出力の核弾頭開発をやめる」とも言っていますね。逆に言うと、規模が小さいと言いながらもロシアが戦術核を使用した際にアメリカが何もレスポンスないしリアクションをしないということになったら、それはそれでまた大きい問題になるのではないでしょうか。

潜航中の潜水艦から発射されるトライデント2

小野田（空）：まさにそこが論点ですね。トランプ政権の時に、核体勢の見直しがありました。その際に低収量の核弾頭、つまり小さな核弾頭を開発すると決めたわけです。バイデン大統領はその決定を凍結して後退させせっつあります。それでアメリカ国内で議論が起きている。議論するのはいいのですが、その間にロシアに核を使われてしまったらどうするのでしょうか。

桜林：逆に、ロシアにとっては、アメリカが議論している間がチャンスでしょうし。

伊藤（海）：トランプ大統領は、核を搭載した潜水艦発射巡航ミサイル（SLCM）の開発を決めましたが、バイデン大統領はこれをキャンセルしました。一方で、潜水艦発射弾道ミサイル（SLBM）「トライデント2」は、トランプ政権下のNPR（核戦略の見直し）にもとづき、低出力の核弾頭を搭載できるように改修されています。つまりバイデン政権は、SLCMという戦術核兵器の開発を見送っても、低出力核兵器を搭載し正確な攻撃が可能なSLBMがあれば、使用が前提であるロシアの戦術核兵器とのバランスはとれると判断したのでしょう。

アメリカの核状況の中国への影響

小野田（空）：アメリカの核兵器の状況は、対中国においてもすごく影響がある話です。ということは、日本にも非常に大きな影響があるということなんですね。核の傘、つまりアメリカの核が抑止になっているということを、もうちょっと仔細《しさい》に見つめていき、日本の防衛のために、核の傘の質というものをアメリカときちんと議論していかなければいけない。ロシアの核兵器使用の議論は、日本に大きな影響を及ぼしているのです。

小川（陸）：冷戦の時代には逆だったかなと思うんですね。つまり、欧州正面では通常戦力に勝るソ連のOMG（Operational Manoeuvre Group：作戦機動群）の突進を止めるために、通常戦力で劣るNATO(北大西洋条約機構)側が戦術核を準備していたわけです。NATO側は陸・空戦力の統合作戦である「エアランド・バトル・ドクトリン」でソ連の後方を叩く。それに対してソ連は、スペツナズという特殊任務部隊がNATOの戦術核を使えなくしておいて、OMGで縦深突破を図るという作戦です。

今のウクライナとロシアを考えると、これからの通常戦力、つまり「使える戦力」はウクライナの方が勝るかもしれません。一方、ロシアは、通常戦力では危ないかもしれないので、戦術核の準備をしていくということです。それは当然やるでしょうね。

もう一つ、ロシアは、ウクライナの後に控えているNATO、アメリカを見ているということです。自分たちがジリ貧にならないためには、すべての核を俎上に上げた状態で戦争をコントロールしながら、最初に掲げた戦争目的をいかに達成して停戦に持っていくか、ということを考えるでしょう。したがって、ロシアの核に対する依存度はまったく変わらないし、戦争目的を達成するまではテンパった状態にずっと置いておくと私は思います。

桜林：西側からの兵器供給でウクライナの通常戦力が勝れば勝るほどロシアの戦術核使用の蓋然性が上がっていくという、非常に皮肉な状況が続くということですね。

日本の防衛体制の諸問題

桜林：2022年4月27日に自民党の安全保障調査会（会長・小野寺五典衆院議員）が安全保障と防衛力の強化を求めて岸田文雄総理と岸信夫防衛大臣に提言を申し入れました。これについての所見を伺えればと思います。

伊藤（海）：今回の自民党の提言は、自衛隊の元将官による議論にもとづいて作成された、ある意味初めての提言といってもよいものだと思います。私が情報部長としてお仕えした折木良一第3代統合幕僚長が中心となりました。自民党のウェブサイトに「新たな国家安全保障戦略等の策定に向けた提言 ～より深刻化する国際情勢下におけるわが国及び国際社会の平和と安全を確保するための防衛力の抜本的強化の実現に向けて〜」というタイトルで提言文書が掲載されていて、読んでいただければわかる通り、自衛官の意見がかなり入っています。たとえば統幕の指揮機能についての話、常設統合司令官が必要といった議論のように、おそらく以前なら政治家は知らなかっただろうなというような細かい部分にも触れられています。

したがって、政治家が制服組の意見を取り入れたものにはなっているんです。しかしながら、あるテレビ番組で私は、この提言の評価を60点と申し上げました。それは、核抑止と専守防衛の議論の二つに関しては、残念ながら踏み込み不足の感があると思ったからです。

専守防衛とは、相手から武力攻撃を受けて初めて防衛力を行使する、ということです。これは世界中、特に民主主義国家ではすべて同じ考え方で、ある意味当然のことなのです。しかし日本の場合は、その後に「必要最小限度の」という条件がついているのです。対応する程度も必要最小限、保有する武器も必要最小限です。すでに相手から武力攻撃を受けて、やられているのですから、本来全力で反撃するのが当たり前なのですが、そうではなくて必要最小限度となっているのです。

桜林：あえて抑えるみたいなことですね。

伊藤（海）：冷戦中に日本国内でいろいろな政党・党派の反発がある中で、「防衛力」の定義として、政府は必死になって「必要最小限度」という用語をつくったわけです。けれども、ウクライナを見ればわかる通り、「必要最小限度」などという用語をもって日本の国民を見捨てるのか、という話になってしまうのです。国際常識として、やられたら全力で跳ね返さないと国は滅んでしまいます。さすがに提言文書も、この部分に触れ、「必要最小限度の自衛力の具体的限度は、その時々の国際情勢や科学技術等の諸条件を考慮し、決せられるものである」と記述しました。このひと言で逃げたわけですね。内閣ではなくて自民党という政党の提言なのだから、もうちょっと踏み込んでほしかったと思います。

もう一つは、核抑止の話です。提言は、今までの「持たず、つくらず、持ち込ませず」の三原則は維持するとしています。ただ、民主党政権時代に岡田克也外務大臣が言った言葉があるんです。「緊急事態ということが発生して、しかし、核の一時的寄港ということを認めないと日本の安全が守れないというような事態がもし発生したとすれば、それはその時の政権が政権の命運をかけて決断をし、国民の皆さんに説明する」と岡田さんは言ったわけですが、この方針を岸田さんは2022年3月7日の参議院予算委員会で「岸田内閣においても引き継いでいる」としました。提言はそれを注記で引用しています。ここは、「またごまかしをやっているじゃないか」と逆に指摘して、「ちゃんと議論しよう」と言えばよかった。そういう意味で僕は60

点だと言ったんですけどね。

桜林：党の提言ですから、もう少し自由にやってほしかった。

伊藤（海）：自民党のくせにどうして民主党政権の岡田外務大臣の方針を踏襲するのか（笑）。ウクライナ侵攻の現状を見た上で、この提言ですからね。核の脅しがあるとアメリカですらロシアを叩けないという中で、日本は本当にこのままでいいのかという議論をしなければいけないはずでした。このことは、本当は悔しかったんでしょうね、折木さんがいろいろなところでおっしゃっています。もうちょっとできるかなと思っていましたが、7月に参院選を控えていたという事情もあったのでしょう。

桜林：選挙を見据えたものになったと言わざるをえないですよね。小野田さんはどうご覧になりましたか。

小野田（空）：伊藤さんのおっしゃることには100％同意しますが、私は違う観点から三つ申し上げようと思います。

今回のウクライナ侵攻の教訓はいろいろとあります。たとえば台湾はこれをどう捉えているか、ウクライナから得た教訓のナンバーワンは何か。それをひと言で言うと「国民の団結」です。人口2500万の台湾を10億の中国から防衛するために必要なのは、なにより国民の団結だと考えています。国民がボロボロっと崩れてしまったら台湾の防衛はひとたまりもないというのが、今、台湾の人たちが一番身にしみて感じていることなんですね。

翻って我が国はどうか。有事になったら自衛隊が戦う、ということになるでしょう。しかし、それ以外はバラバラなんです。一億の国民が一丸となって防衛に向かうような仕組みなり訓練なりというものは、ほとんど形をなしていません。だいたい政府と官庁がそうなっていない。そこのところが、今回の自民党の提言の中でほとんど言及されていないというのがまず一番大きな問題ですね。

それからもう一つ、これは防衛省、自衛隊に関わる話になると思います。ウクライナが明らかに示したのは二つの言葉——英語にするとCapabilityとCapacityという言葉でした。日本語に訳すとどちらも「能力」と訳すことが多いのですが、Capabilityは、能力の中でもどちらかというと性能的なことを指します。より優れた性能の戦闘機や大砲、あるいは精密誘導兵器を持つことをCapabilityと言います。もちろんこれも重要です。

けれども、ウクライナが示しているのはCapacityなんです。Capacityとは何かというと、物量的な能力です。このCapacityがないから、ウクライナは西側の諸国に「助けてくれ」と言っているわけです。銃弾から榴弾砲まで、なにからなにまで、すべてアメリカとNATOに助けてもらってなんとか継戦しています。

問題は「日本も有事の際にはそうなりませんか？」ということです。私自身、自衛隊の中にいて、自衛隊の在庫量を知っているからあえて申し上げているわけですが、これについてはもう一回真剣に考え直す必要があるでしょう。平時、我々はどれくらいのCapacityを持たなければいけないのかということを見つめ直さなければいけません。

スティンガーミサイル訓練風景。アメリカ海兵隊（2006年）

ジャベリン

あともう一つ、機動性の高い非対称兵器に関することです。今回、ウクライナでは、スティンガーという携帯式防空ミサイルシステムだとか、ジャベリンという歩兵携行式多目的ミサイル、フェニックスゴーストという無人の軍事用ドローンといった在来的で安価な兵器が非常に活躍しました。自衛隊もスティンガーを持っていたのですが、たぶんほぼ廃棄してしまったと思います。自衛隊では廃棄してしまったものが、今、ウクライナの戦場で大活躍しているわけです。そういった側面も見直す必要があります。ようするにCapacityの一部としてもう一回見直すべきものがある。ではもう一回買い直すのかといったら、それはわからないけれども、見逃してはならない点です。

桜林：スティンガーの後継[※4]として、今は国産のものがあるかと思います。

伊藤（海）：私からも一点補足しておくと、自民党の提言の中には、後半の二つ、Capacityの話と非対称兵器に関する話は一応、出てきます。こうした継戦能力の話が提言されるのは初めてですね。これは制服組の意見を聞いたということなのだろうと思います。

※4　現在の陸上自衛隊の装備品には、以前使用していたアメリカ製「FIM－92　スティンガー」の後継として国産開発された「91式携帯地対空誘導弾」（防衛省技術研究本部と東芝が開発した携帯式防空ミサイルシステム）がある。「日本版スティンガー」と呼べるミサイルで、スティンガーに比べて低空域における各種目標対処能力、正面要撃性、瞬間交戦性、対妨害性などに優れ、操作やメンテナンスも容易。「ハンドアロー」という陸上自衛隊公式の愛称がつけられている。

第二章

宇露戦争、約100日のエンドステート、優勢、劣勢の見方

バイデン大統領400億ドル(約5兆円)ウクライナ支援追加予算案に署名

本章は「チャンネルくらら」2022年5月31日に配信された動画「陸・海・空　軍人から見たロシアのウクライナ侵攻」第6回にもとづき編集作成したものです。

ウクライナ侵攻の主な出来事〔2022年5月後半〕

5月16日 旧ソ連構成国のうちロシアなど6カ国が加盟する集団安全保障条約（CSTO）がモスクワで首脳会議を開き、「ネオナチ思想の拡散」や一方的な制裁に反対する共同声明を発表。
スウェーデンはNATOへの加盟を申請することを正式に決定した。

5月20日 ロシアのショイグ国防相がプーチン大統領にアゾフスタリ製鉄所とマリウポリの制圧を報告したとロシア国防省が発表。

5月22日 ウクライナ議会が、戒厳令と総動員令（18〜60歳男性を徴兵）を90日間延長する大統領令を承認。
ポーランドのアンジェイ・ドゥダ大統領がウクライナ議会に登壇し、難民の受け入れや滞留しているウクライナ産穀物の輸出を促進し、「両国の国境は分離されるのではなく一体となるべきだ」と演説。

5月23日 世界経済フォーラム年次総会（ダボス会議）でウクライナのゼレンスキー大統領がオンライン演説し、「企業ブランドが戦争犯罪と結びついてはならない」と各国要人にロシアからの企業撤退と貿易停止、経済制裁強化を要請。

5月25日　ロシアのプーチン大統領が、占領したウクライナ南部のヘルソン州、ザポリージャ州の住民がロシア国籍を取得する要件を「人道目的」で緩和する大統領令に署名（ロシア国内居住5年以上の要件撤廃など）。

ロシア上下両院が、志願兵の年齢上限を撤廃する法案を可決（従来はロシア国民18～40歳、外国人18～30歳）。

5月28日　鉄道網の要衝であるドネツク州リマンを制圧したことをロシア国防省が発表。

5月29日　ウクライナのゼレンスキー大統領が北東部ハルキウ州を訪問し、ロシア軍と戦う前線の兵士らを激励。

5月31日　米国のバイデン大統領が同日付『ニューヨーク・タイムズ』への寄稿で、ロシアとNATOの戦争やプーチン大統領の追放は求めず、軍事支援はウクライナに外交交渉力を持たせるためと表明。

※防衛省HP「ウクライナ関連」や各種報道、ウィキペディアなどを参考に作成

ジョー・バイデン大統領

日本にとって他人事ではない黒海の海上封鎖

桜林：ウクライナ侵攻が開始されて3カ月が経った2022年5月28日に、プーチン大統領が軍志願兵の年齢上限を撤廃する法案に署名しました。4月26日に、「ロシア軍の死者数は約1万5000人に上る」というウォレス英国防相の分析発表があったなか、まだまだ兵士を集めているロシア側の様子が見られた局面でした。この現状をどのように見るべきなのか、まずは海のお話から伺っていきたいと思います。

ロシアによる黒海の封鎖でウクライナへの穀物の輸送が滞っているということが大きな問題になっています。そうしたなか、5月23日にデンマークがウクライナに対して「ハープーン」(米国マクドネル・ダグラス社開発の対艦ミサイル。harpoon は捕鯨用の銛《もり》を意味し、もともとは浮上した潜水艦を攻撃するためのもの)を提供する方針を明らかにしました。これが黒海封鎖の解消に繋がるのではないかという話も出ていますが、どうご覧になっていますか？

伊藤（海）：ロイター（イギリスの通信社）がそう書いたんですよね。ロシアはウクライナの周りに潜水艦も含めてだいたい20隻の船をおいて封鎖しているけれど、ハープーンの提供で黒海封鎖が解けて穀物封鎖が解消するんじゃないか、というふうに。

ウクライナが、自前の対艦ミサイル「ネプチューン」でロシア海軍黒海艦隊旗艦「モスクワ」を撃沈したと発表して話題になったのは4月13日のことでしたが、ハープーンは、ネプチューンと同じような、NATO側が持っている対艦ミサイルです。海上自衛隊も持っています。私は潜水艦から実際に発射したことがあります。

このハープーンの提供によって穀物封鎖が解けるんじゃないかという報道なんですが、ひと

ボスポラス海峡の位置

ネプチューン対艦ミサイル

ハーブーンミサイル

言で言うと、ハープーンを持ったからといって封鎖が解けるわけではない、と私は思いました。

地図を見ていただければわかる通り、ウクライナはボスポラス海峡を抜けて穀物を外に持ち出すことができ、地中海に運び入れることでやっと世界中に配送することができるんですね。ウクライナがオデーサ港湾から物を運び出すことができないのは、周辺にロシアの船が20隻ぐらいいるから、という理屈になっているわけですが、それ以上にボスポラス海峡の手前を封鎖されれば終わりなんですね。ここしか出口がないわけですから、そこにロシアの潜水艦が6隻いたらウクライナの船舶は海峡に入れないんです。

沈没時の「モスクワ」（ウクライナのゲラシチェンコ内相顧問のテレグラムより）©REX/アフロ

ハープーンミサイルは、撃てば水上艦にドーンと当たります。おそらくネプチューンと同じぐらいの効果はあって、水上艦なら叩けると思いますが、潜水艦は絶対に無理です。もともとハープーンミサイルは浮上している潜水艦を狙うのにつくられたものですが、潜水艦は基本的に潜って動くものです。だから、そこにロシアの潜水艦がいるというだけでウクライナの商船は動けません。まさに第二次世界大戦の時の「通商破壊」（通商物資や人を乗せた商船を攻撃することによって海運による輸送を妨害する戦時行為）をするわけです。それを踏まえれば、ハープーンミサイルを渡したからといって黒海の封鎖が解けるというものではないと思います。

ちなみに、黒海がどれぐらい大きいかわかりますか？　横幅が1100㎞あるんですよ。ウクライナに提供されたハープーンミサイルの射程は公称220㎞なので、オデーサからミサイルを飛ばした場合、クリミア半島の横あたりまでしか飛ばないんです。ボスポラス海峡は、そこからさらに1・5倍ぐらいの距離にあるのです。「じゃあウクライナの海軍にハープーンミサイルを載せればいいじゃないか」という話になりますが、海軍といってもウクライナには3隻しか艦艇がありません。艦隊にもなっていないんですね。

実は、黒海にいるロシア艦隊も本当はたいしたことはないんです。日本のいわゆる護衛艦に相当する4000t以上の船は5隻だけですからね。あとは潜水艦が6隻、上陸用艦艇が5隻ぐらい。他はみんな500tぐらいのミサイル艇などです。けれども、そういった船がいるだけでも商船は止められます。

ちなみに今、ボスポラス海峡で何が起きているかというと、トルコが「軍艦は通さない」という号令をかけているんですね。商船は自由に通れるわけですけれども、そういう中にあっても、残念ながらウクライナは商船を港から出すことすらできない状態になっているということです。
桜林：先の大戦では、アメリカが日本に対して「対日飢餓作戦」を行いました。日本沿岸に機雷を撒いて海上輸送を麻痺させるという作戦ですが、それと同じようなものですね。
伊藤（海）：同じです。ロシアは今、機雷もばら撒いていますからね。
桜林：機雷が撒かれた状態であればなおさら、そこを民間の船が出入りするということは絶対にできませんよね。
伊藤（海）：だから、残念ながら今の枠組みのままではなかなか黒海封鎖は解けないということです。どうしても陸送で送るしかない。
桜林：海上封鎖の痛手は、日本人にとっては本当に他人事《ひとごと》ではありません。すごくダメージが大きいのだということを改めて知る必要がありますね。

メッセージ性の高い最新戦闘機撃墜情報

桜林：続いて空について伺いたいと思います。2022年5月27日にウクライナ空軍はフェイスブック上で、南部ヘルソン州の上空においてロシア空軍の戦闘機「スホーイ（Ｓｕ－35）」を撃墜したと主張しました。ウクライナ空軍の戦闘機「Ｍｉｇ－29」の老朽化が進んでいると言われている中でこれだけ活躍している、ということは西側諸国から補用品などの部品の到着がかなり進んでいるのではないか、と思わせる出来事でした。このあたりの状況をどうご覧になっていますか。

小野田（空）： 3月10日頃の時点でウクライナの戦闘機はもともとの保有数の80％、50機ぐらい（戦闘爆撃機のＳｕ－24、Ｓｕ－25を除く数字）が残存しているという状況で、それから2カ月以上が経ってかなり減耗していると思います。ただ、5月23日にアメリカが中心になって40カ国を集めてウクライナ支援のためのオンライン会議をしました。40カ国の中に旧東側の国が含まれていて、ウクライナが使用しているＳｕ－27、Ｍｉｇ－29、Ｓｕ－24、Ｓｕ－25の部品を持っている国があります。それをかき集めてウクライナに送っているというのは事実のようです。そのおかげでこれらの戦闘機の維持整備が成り立っているという情報は確かにありました。ただその結果、いったい何機が生き残っているのかということはわかりません。

通常、戦闘機は最小単位2機で戦いますけれども、Ｍｉｇ－29とＳｕ－35を比べると製造年数的にだいたい20年ぐらい違います。レーダーの見え方と見える範囲、それから積んでいるミ

スホーイ（Su-35）

Mig-29

サイルの飛ぶ射程もＳｕ－35の方がはるかに優勢です。

Ｍｉｇ－29は相手の飛行機にレーダーを当て続けておかないとミサイルが当たらないようになっています。ところが、Ｓｕ－35は、ミサイルそのものが発射後に自分で目を開いてレーダーで索敵をするので、撃ちっ放しで相手の飛行機に到達できるんです。

これが何を意味するのかというと、「次から次にミサイルを撃てる」ということです。いったんＡという飛行機にレーダーを当ててミサイルを撃つ。ミサイルがＡに到達するまでの間にもう次の飛行機を探してまた撃てる。そういう具合に非常に効率よく戦えます。しかし、Ｍｉｇ－29の場合には、ターゲットにミサイルが当たるまでレーダー照射し続けなければいけないという不利がある。レーダーのレンジも狭いし、ミサイルの射程も短い。だから決定的に不利なんです。

では、Ｍｉｇ－29だとＳｕ－35に勝てないのかといえば、もちろん勝てるチャンスはあります。チャンスはありますが、非常に工夫しなければいけない。

地上や空中のレーダーの支援を受けているような場合には非常に効率的に戦えます。たとえば、ＡＷＡＣＳ（Airborne Warning and Control System：早期警戒管制機。早期警戒システムを搭載した空中警戒管制システム。空飛ぶレーダーサイト）のような飛行機から相手の飛行機の所在、あるいは方向等の情報をもらえると、先回りして先に撃つことができる。そうしないと、Ｍｉｇ－29ではＳｕ－35にたぶん勝てないと思います。

A-50

一方、ロシアもＡ－50というＡＷＡＣＳのような早期警戒管制機を持っています。ウクライナにやられてしまうので、このＡ－50は絶対にウクライナ領空、特に東部地域近くには入ってきません。しかし、今回ウクライナ側がロシア機を撃墜したというヘルソンという都市は、ウクライナの東側の国境からは距離があります。ロシア側はクリミア半島上空あたりにＡ－50を飛ばせばヘルソンあたりなら見えるはずですから、情報をトラッキングしている可能性はあります。そうすると、やはりロシアのＳｕ－35の方が優勢にはなるんですね。

おそらくＳｕ－35が低空を飛行していたとするとＡ－50の支援が受けられなかった可能性があります。逆に、ルーマニアあたりに飛んでいるＡＷＡＣＳからヘルソンあたりが見えるかもしれないので、その支援を得られた可能性もあります。つまり、報道の通り、ウクライナ空軍がＭｉｇ－29でＳｕ－35を撃墜した可能性としては、「なきにしもあらず」というところです。ただ、それが報道になるということは、やはり「Ｍｉｇ－29という旧式機で最新型の戦闘機Ｓｕ－35を落とした」という構図がニュースバリューとして非常に高いのだろうと思います。

本当にＭｉｇ－29で落としたのか、地対空ミサイルで落としたのか、そのあたりは判然としませんけれども、ウクライナ空軍は「Ｍｉｇ－29で撃墜した」という言い方をしていました。国民を鼓舞することにもなりますし、空軍の地位を高めるという効果もあったのではないかと思います。

桜林：メッセージ性が高いということですね。

ロシアがドネツ川渡河作戦の失敗を繰り返した理由

桜林：では、続いて陸について伺います。ついにマリウポリが陥落したという報道があったのは2022年5月17日のことでした。小川さんはこの状況をどういうふうにご覧になっていたでしょうか。

小川（陸）：5月16日にウクライナ国防省がアゾフスタリ製鉄所に残っていたウクライナ兵の避難が完了したと発表しました。アゾフ大隊（義勇兵から発展した、マリウポリを拠点とする準軍事組織。ロシア側は「ロシア系住民を抑圧するネオナチの極右部隊」と主張）も撤退したわけですね。こうしたウクライナ側の一連の行動はウクライナの最高司令部からの指示にもとづいて行われた、と発表されています。またロシア側からも、同日にアゾフ大隊から投降者が出てきた、という発表があり、そのあたりがおそらくマリウポリ陥落の時期だったのだと思います。

破壊されたマリウポリの通り

マリウポリ陥落の直前である5月13日にイギリス国防省が「ロシア軍が東部ルハンスク州のドネツ川渡河作戦に失敗した」という分析を発表しています。つまり、アゾフ大隊の投降及びマリウポリ陥落というのは、ウクライナがロシアのドネツ川渡河作戦を失敗させた後の話だったわけです。

当初は152㎜の榴弾砲しかなかったところへ、ウクライナ軍は、

155㎜榴弾砲M777とその砲弾、射程距離40㎞ほどの誘導弾をすでに手に入れていたようでした。しかも、きちんとドローンを使って写真を撮り、目標情報を取り、その情報にもとづいて砲兵が火力誘導できる状態に練度も上がってきていた。慣熟訓練も終わっていたのだろうと思います。その結果、ウクライナ軍はロシア軍の渡河していた戦車等を見事に撃破しました。

マリウポリにウクライナ兵がいるということは何を意味するか。視界から隠れているドネツ丘陵の向こう側のロシア軍の配備を見たり、補給用の車両が動くのを見たり、あるいはパルチザンとして補給用の車両もしくは移動する兵士の輸送用の車両を伏撃するなどいろいろな活動を行う、ということが可能な価値ある緊要な地形だったのだと思います。しかし、今はもうマリウポリ一帯の保持がなくても遠隔操作による敵戦車撃破が可能となり、作戦遂行が可能な状態になった。つまり、渡河するロシア軍戦車等を撃破する能力を保有したことは、以前に比べて「マリウポリ絶対死守」のニーズがかなり減った、ということです。そこで投降するように許可を出したのではないか、と私は思いました。人的にマリウポリにいなくてもいいのではないか、ということです。

桜林：以前とは状況が変わってきたということですね。ところで、ドネツ川渡河作戦の失敗では、ロシアは少なくとも一個大隊戦術群に相当する戦力を失ったと報道されていました。渡河作戦というのは、それほど難しいものなのでしょうか？

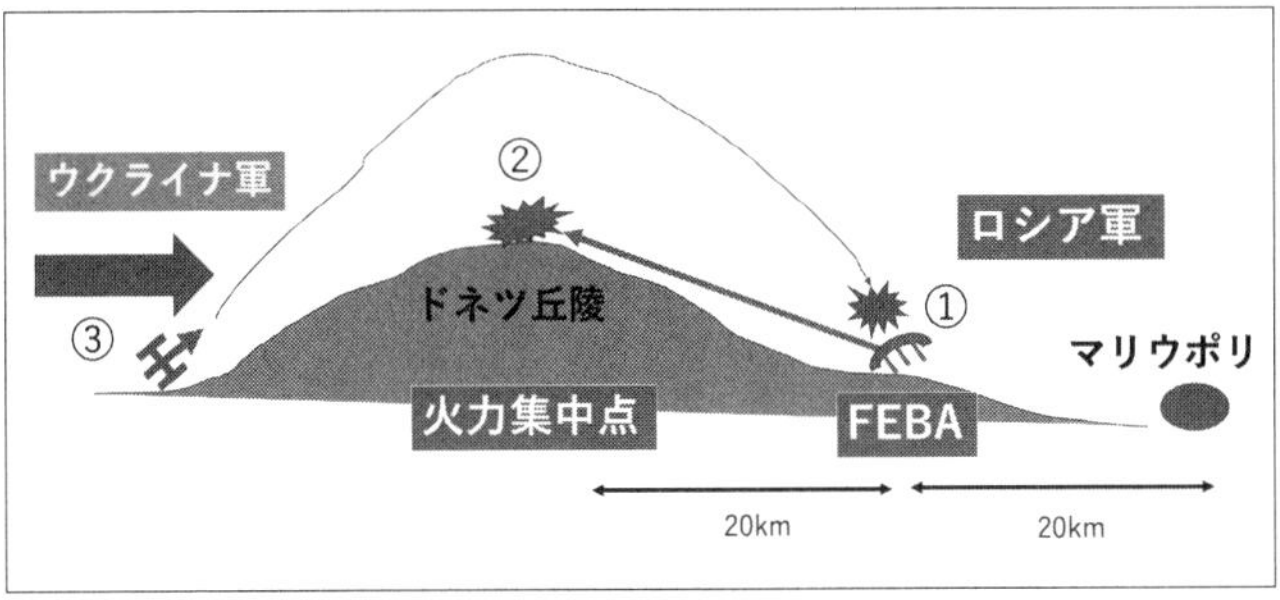

注：FEBA（Forward Edge of Battle Area：主戦闘地域の前縁）

小川（陸）：敵の陣地に攻め込む時には常に人工的な障害物が構築されています。地雷原があったり、対戦車壕があったり、鉄条網があったりする。障害を処理して乗り越えるためには時間や労力がかかります。援護射撃も必要です。障害を取り払ってからも、ちゃんと通過できるかどうかの確認も必要です。渡河作戦というのは、その障害物が自然障害の河であるという状態です。

ネットで写真を拡大して調べてみたところ、ドネツ川は50mから100mぐらいの川幅だろうと思われます。そこに、「ポントン橋（pontoon）」と呼ばれる浮橋をかけるわけです。上を戦車が通れるぐらいの橋をかける。それには1時間、2時間単位での作業が必要になると思います。戦車はおそらく、一度に1台か2台しか通れない。橋の上ではおそらく時速10kmから20kmぐらいの速度で走行しなければなりませんから、時速10kmで50mの橋を渡ると仮定した場合、橋を渡りきるのに18秒かかります。一個中隊10両ぐらいだと考えると全部で180秒、3分ぐらいかかります。

その間、渡河する戦車部隊は一列縦隊となりきわめて弱い状態になっているわけです。

一般公開されているドローン映像などで確認できますが、ウクライナがM777で発射したとみられる砲弾が、一発目からターゲットの3mぐらい近くに着弾しています。ということは、使っているのはおそらく、目標まで弾道を誘導するGPS誘導弾です。その後、戦車にちゃんと当たっている。しかも、半分ぐらい渡った戦車が壊れていて、まだ向こう岸に戦車が残っている状態でした。つまり、その3分という時間の中間点1分30秒ぐらいの時に射撃開始をして渡河する戦車を撃破しているんですね。ウクライナ側は、ロシア側が橋をかける時にはおそらくすでに情報をつかんでいたんだろうと思いますけれども、橋を渡り始めたロシア軍戦車に対して正確な射撃を1分、2分の間に行って、10両ぐらいの戦車に対して、その弱点である車両上面を狙って、つまりトップアタックでやっつけているわけです。そもそも渡河作戦は難しいのですが、それ以上にウクライナ側がきちんと情報を取って準備をしていました。すなわち、火力、情報、誘導という手段を手に入れていたわけで、それでロシアの渡河作戦は失敗したのです。

桜林：ウクライナ軍は、ロシア軍の渡河作戦を9回阻止したと言っています。ロシア側はどうして同じ失敗を繰り返したんですか？

小川（陸）：左図は1945年の沖縄戦の作戦図をもとに作成した図です。丸で囲んだ部分が沖縄戦攻防の焦点なんですけれども、その真ん中付近に嘉数《かかず》高地という高地があります。ここは今でもある程度、崖のまま残っています。

桜林：普天間の基地の近くですね。

小川（陸）：アメリカ兵はどうして大変なところをわざわざ登っていったのか、不思議に思いませんか。迂回すればいいじゃないか、と思うでしょう？

桜林：思います。どう考えても突破は難しいのに。

小川（陸）：バウンダリー（boundary）という境界線によって任務地域を割り当てられると、各部隊は任務地域を通らなければいけないんです。嘉数高地を任務地域として与えられた部隊はそこを攻撃前進しなければならなかったんです。それが消耗戦（敵軍の物質的な戦力を弱めて戦闘継続を不可能にするための戦い）の戦い方なんですね。上級司令部から攻撃しろと言われたら、任務地域内に存在する敵を残すことなく一個一個潰していかなければならない。その代わり、掃討

沖縄作戦経過要図（1945.4.1 ～ 6.20）　＜出典＞「日本の戦争・図解とデータ」（桑田悦、前原透　共編著、原書房、1982年10月24日）p 62をもとに作成。

作戦は不要となります。確実に敵をやっつけて、敵を残さない状態にしていくので、自分たちの支配地域としてそのまま使える状態になるわけです。

一方、機動戦（敵軍の指揮・統制能力・士気等を弱めて戦闘継続の意思を失わせるための戦い）というのは、敵の重心である目標を一気に攻撃して作戦目的を達成する戦い方です。2月から3月のロシア軍によるキーウ攻撃が機動戦でしたが、ウクライナ軍の巧みな防御によってロシア軍の空挺部隊、地上部隊の犠牲が多くなり、結局この正面も消耗戦のような様相を呈してしまったと思います。機動戦は目標ラインを設定しバウンダリーを引き、「この中を目標ラインまで攻撃していけよ」という攻撃なんです。それは、ドネツ川渡河作戦でも行われている作戦で、渡河作戦が成功してウクライナ陣地奥深く突進できればロシア軍による機動戦が成功するはずだったと思います。しかしながら、ロシア軍は機動戦がまったくできないまま消耗戦に陥りました。

ここから後は私のまったくの予想になります。

ウクライナの東部にロシアの南部軍管区と西部軍管区との境界が設けられているはずです。南部軍管区司令官の下に西部軍管区司令官を入れているということはありえないと思うので、おそらくバウンダリーが引かれています。ドネツ川渡河作戦をさせられているのは20kmから40kmぐらいの幅の地域なんですけれども、おそらく一個師団が割り当てられている。南の方にはもう一個師団が配

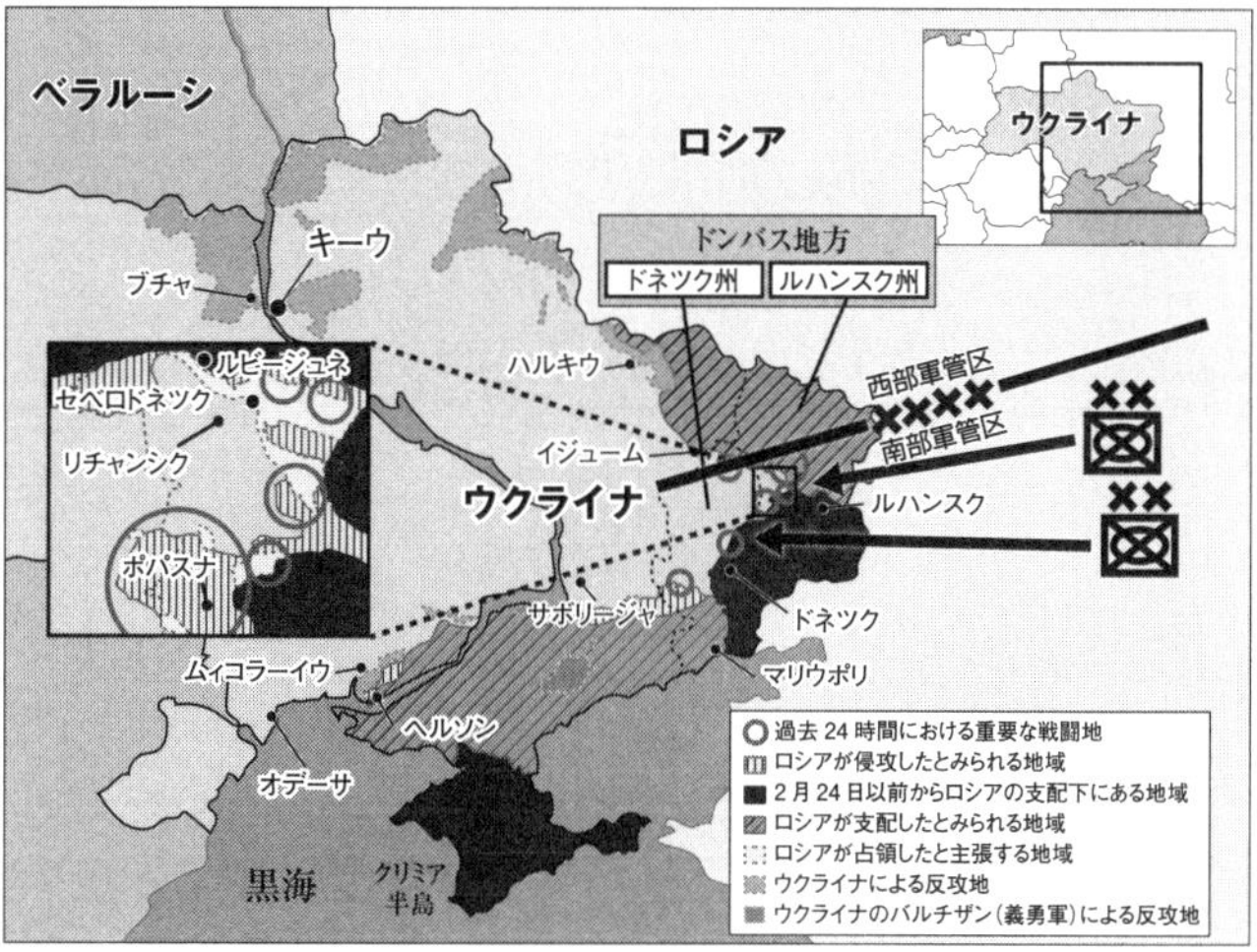

地図で見るウクライナ侵攻 ルハンスク州周辺（2022年5月24日時点）
米シンクタンク「ISW」の資料をもとに作成

置されて、攻撃しているんだと思います。そして、その地域を割り当てられた部隊長というのは目標ラインまで到達することが任務ですから、逃げられないわけです。消耗戦に陥ってでも、なんとか攻撃継続しなければならない。

そこをウクライナ側がどういうふうに狙ったかというと、40km飛ぶM777がありますから、そのM777をしかるべき地点に並べる。ロシア側の152mm榴弾砲は15kmから20kmぐらいの射程距離なのでそこへは届きません。ウクライナ側はドローンでロシア側の情報を取って火力誘導し、射程距離40kmで狙い撃ちする。ロシア側は車両をトップアタックされるという状態で、ドネツ川周辺でやられてしまったということなんだろうと思います。そして、ロシア軍の各部

地図で見るウクライナ侵攻 ルハンスク州周辺
(2022 年 5 月 24 日時点)
米シンクタンク「ISW」の資料をもとに作成

隊はその任務が解かれない限り、与えられた任務地域を攻撃し続ける、ということになっていると思われます。

桜林：ロシア側は、渡河作戦をやると弱点をみせてしまいます。それはわかっているけれども、目的を達成しなくてはいけないから、やめるという選択肢はない、ということなんですね。

小川（陸）：任務が解かれない限り、続けざるをえません。4月にロシア軍が撤退したキーウのケースについては、任務が解かれたからである、と思われます。もしその任務の解除がなければ、キーウは本当に占領するまでロシア軍は攻撃を継続しなければいけなかったはずなんです。所定の目標が達成できた、政治目標が達成できたのであれば、無駄なことをやるというのは戦力的にもったいないわけですからね。でも、ドネツ川周辺については、この消耗戦の戦い方を見る限り、「ここは絶対取れ」と言われていたからやっていたんだと私は思います。

評価すべきは、渡河作戦に備えたこと

小野田（空）：M777榴弾砲というのはそんなに正確に当たるものなんですか？　ベトナム戦争のことを思い出しているんですが、当時米軍が空爆で橋を落とそうとしても、一個も当たらなかった。その後、技術の進化によって精密誘導弾のような兵器がより多く戦場に現れるようになったという経緯があります。M777の砲弾も基本的には誘導弾ですよね？

小川（陸）：はい。GPS付きの誘導弾です。テレビなどの映像では、兵士が通常弾を込めている場面の後に橋を映し出したりするので通常弾だと思われがちですが、通常弾ではあそこまでの正確性は出せません。

それから、ドネツ川周辺にはウクライナの陣地ができているので、歩兵携行式多目的ミサイルのジャベリンで攻撃している効果もあるんだろうと思います。現場で見ていないのではっきりはわからないんですけれども、実際にはM777とジャベリンとの組み合わせだろうと思います。でも、ドローンで写したM777の最初の着弾映像では、本当に3mぐらいしか離れていないところに一発目の砲弾が落ちているようなので、かなりの確率の高さで敵戦車を直撃で

きたんだろうと思います。

伊藤（海）：ロシア軍はロシア軍で「このエリアはお前たちが攻めるべき場所だから、やられようがなんだろうがもう一回行ってこい」ということになっていたわけですか？

小川（陸）：そう思います。でなければ「どうしてそんなところに？」という説明がつきません。ウクライナの砲陣地が確認されるのであれば、ロシア側は横から別の部隊が相互支援したらいいじゃないか、と思われるかもしれません。でも、ロシア軍砲兵というのは自分の上司のために動いているわけです。「随伴砲兵」という形で、師団長のために、師団の後ろについている砲兵が随伴しながら撃つのです。他の師団のために射撃支援してあげるというのは、もう一つ上の部隊でなければできないのです。

小野田（空）：ロシア特有の、中央集権型の命令でないと動けないという指揮統制上の弱さ、ドクトリン（基本原則）の弱点が出ている、というふうにも聞こえますね。

小川（陸）：2014年のクリミア紛争や内戦型の戦いにはBTGは非常に有効だったのだろうと思います。しかし今回は第二次世界大戦型の消耗戦に陥っていますから、やはりバタリアン（大隊）レベルに落とすのではなく、連隊以上の諸兵科連合軍型にすべきだとは思いますね。ロシア軍は旅団から、もう一つ規模の大きい師団に戻したりしているという話は聞いています。

桜林：古典的な戦いといいますか、大陸型の戦いになってきている、ということですね。

伊藤（海）：ロシア軍というのは、やられそうな部隊が「今のままだとやられるからこっちの協力をしてください」という報告をいちいち上に上げ、上の人間が「じゃあお前らも協力してやれ」と言わないと横にいる別の部隊は絶対に動かない、ということなんでしょ？

小川（陸）：そうです。自衛隊の話はあまり出したくはないんですけれども、要求によってもしくは調整によって横の連隊長が助けてくれる、というのが日本型です。自衛隊は、人事権にもとづかなくても任務にもとづいて動くという軍隊になっていると思います。

伊藤（海）：任務部隊のタスクフォースしか知らない海上自衛隊からすれば、そのあたりは意味がわからない（笑）。

桜林：渡河作戦の失敗については、そもそもこの作戦自体が狙われやすいということがありますね。実行すること自体が問題であるという。

小川（陸）：そこは、もう一つの考えどころです。ウクライナ側からすれば、「こんな小さなところを目指して本当に渡河して攻撃してくるのか？」とも思える状況でした。目の前に50mから100mの川があるわけですよね。そういう状況で「河の対岸にいるロシア軍ではなくて、自分たちの横側にいるロシアの部隊の方が攻めてやってくるんじゃないか？」などと考えていると、渡河作戦で奇襲を受けてしまう可能性があります。だから、ウクライナ軍は「対岸の部隊はもしかしたら渡河してでも攻撃してくる可能性がある」と見て、それに準備をしていたわけです。相手の意図を見抜くのではなく、「相手は何ができるか」ということだけに着目して、奇襲を受けないように見積もりをする。それが戦術レベルでは非常に重要なんです。相手の狙いを考えちゃいけないんですね。ウクライナ軍は戦術原則をきちんと踏まえて、敵が渡河してくるかもしれないということに対して抜かりなくよくぞ準備したものだなと私は思います。

伊藤（海）：ウクライナ軍が偉いということですね。

小川（陸）：はい。だって、ロシア軍がわざわざ渡河してくるなんて思わないじゃないですか。それに、渡河作戦を防いだあとでは「さすがにもうやってこないだろう」と考えてしまいそうなものです。しかし、もしそれで油断してロシア軍に渡河されてしまっていたら損害大だったと思います。「敵はこういうことをするんじゃないか」と相手の意図を見抜こうとすると奇襲を受けたり何か失敗をしたりするんです。「敵に対して企図判断をしてはいけない」というのは、旧軍以来の教えです。

伊藤（海）：「愚直なまでに行動で見ろ」ということですね。意図ではなく。

小川（陸）：はい。兆候か行動で見るか、能力主義で見ろということです。戦略レベルだとまた別の話になりますが、戦術レベルではそういうことです。

桜林：相手はどんな人かわからないわけですからね。

小川（陸）：ええ。一般的な話としても、危ない場所や治安の悪い地域へ行ったら、「人間なら普通こんなことはしないだろう」などと思っては駄目ですね。

伊藤（海）：マリウポリについても、ちゃんとそういう意味でウクライナ側がロシア側の行動を見て「退け」という号令をかけたということですね。

約50年前に製造された戦車をロシアが配備した理由

桜林：戦車についても注目が集まっています。5月27日に英国防省が「ロシア軍部隊がここ数日で約50年前に製造されたT－62戦車を前線に配備した可能性がある」という分析を発表したんですね。これはどういう戦車なんでしょうか？

小川（陸）：機甲科（陸上自衛隊の職種の一つ。主に戦車部隊、機動戦闘車部隊、水陸両用車部隊及び偵察部隊を構成）の先輩が見たら「普通科のお前が何を喋っているんだ」というお叱りを

T-72戦車とT-62戦車

	T-72	T-62
主砲	125ミリ滑空砲	115ミリ滑空砲
装甲	複合装甲	通常
装填	自動装填（3名）	手動装填（4名）
エンジン	780馬力	580馬力

各種資料より作成

受けることは重々承知の上で話します。T－72とT－62を並べて比較してみました。両方ともソ連時代の主力戦車です。

1960年代に登場したT－62は、当時としては画期的な115㎜を主砲としていました。アメリカなどの戦車は、まだもっと口径が小さかった時代です。ただ、動力はちょっと弱くて、580馬力ぐらいで走行速度も50㎞しか出ないと聞いています。砲弾の装填も手動式で4人乗りです。装甲もT－72と比べると少し劣ります。

一方、1970年代に登場したT－72は、125㎜を主砲としていて、複合装甲、自動装填です。動力は780馬力で、車両重量はかなり重くなったのですが時速60㎞で走れる。それを踏まえると、普通に考えれば「T－72がなくなったからT－62を投入した」という分析も成り立ちますし、そういう側面もあるんだろうとは思います。

桜林：「なくなった」ということはどういうことですか？

ウクライナ軍にやられてしまった、ということでしょうか。

小川（陸）：在庫がなくなったということですね。令和3年版の防衛白書では、ロシアの陸上戦力として使える戦車は約2800両で、保管状態のものも含めると約1万3000両だとされています。つまり、1万両分ぐらいは油漬けにしてストックしているわけです。今回のウクライナ侵攻では、ロシア軍も大きな損害を受けていますから、そのストックからかなり出してきて使っていると思います。

桜林：ということは、今回のT－62の投入は、ロシア軍が戦車を損耗してしまったからということでしょうか？

小川（陸）：そうかもしれないのですが、私は一方で、もう一つ理由があるのではないかと思っています。このT－62が登場した当時はシュノーケルをつけた写真がよく撮られていました。ようするに、川を渡れる戦車なんですよ。

桜林：そういえば、よく事故を起こしたりしていましたよね。潜ったのはいいけれども、水が入ってしまって。

小川（陸）：戦車には高さ1m前後なら土手を登れる能力があります。日本の川岸は高い堤防が河川に沿って長く続くつくりになっていますから、戦車が土手を降りて河川を渡り、対岸の土手を登る行動は普通無理なんですが、欧州やロシアの川は幅広く川岸もなだらかな感じなので、戦車でそのまま渡れる場所がある。東西方向に攻撃するには南北に流れる川を戦車で渡らなければならないために、T－62戦車がつくられたんだろうと思います。だからロシア軍は、ドネツ川の渡河作戦などにはこれが使えるのではないかと思ってT－62を配備したのかもしれません。また、今後、防御戦闘になった場合、陣地戦のための増強にはT－62でもいいと考えた可能性もあります。

桜林：機動力というよりも、防御力のベースとしてT－62を投入したと。

小川（陸）：はい。攻撃用、打撃用のためにT－72をできるだけ残すという選択もあるんじゃないかということです。

伊藤（海）：サッカーでいうと、ゴールキーパーとフィールドプレイヤーの違いですね。

小川（陸）：はい。ちなみにT－62もT－72も確か2万両ぐらいずつつくったはずで、ストックもけっこうあるのではないかと思います。多少改良を加えているという話も聞いています。

桜林：それを考えると、ハイローミックス（高性能で高価な装備とそれなりの性能で安価な装備を混ぜてそれなりの戦力を限られた予算でつくること）というか、ある時には、けっこう昔のものも使えたりするということなんですかね。

小川（陸）：ソ連時代に大量の戦車を持っていましたからね。日本でも、もしも残せるものであれば、防衛計画の大綱別表の装備品数とは別に「〝部品〟として丸ごと戦車を残す」という考えがあればいいなとは思っています。

桜林：じゃあ74式戦車など、古いと言われている装備もとっておいた方がいいですね。74式は瓦礫《がれき》撤去のために福島第一原発に行って活躍したりしました。米軍などがやっているモスボール（当面は使用する予定がないものの用途廃棄するに至らない兵器に保存処理を施すこと）など、そういうシステムがあってもいいような気がします。

小川（陸）：丸ごと予備とするということですね。特に離島作戦や長距離移動間では整備が十分にはできませんので、本体を持っていって交換してしまうということが重要にならざるをえません。

小野田（空）：でも、人の問題があるんじゃないですか？　そんなに古いものだと使える人がいないんじゃないのかな（笑）。引退したOB、退官したOBを集めるとか。

小川（陸）：予備自衛官を最初からそういった装備運用者として訓練して、人と装備とをマッチングさせておくという方法もあると思います。人間を補充のためだけに使うのではなく、専門職としての予備自衛官を育成した方がいいんじゃないかな、と私は思うんですけどね。

桜林：生涯、そのために待機していてもらうというような人たちですね。米映画『エクスペンダブルズ』の最強の寄せ集め傭兵軍団、鉄壁のチームワークを誇る精鋭部隊、みたいな（笑）。

空挺団とはいかなる存在か

桜林：T－62の投入で戦車に注目が集まる一方、ドネツク州リマンの近郊の森でウクライナの第79空挺旅団が前線で戦っているという報道もあり、空挺団に対する関心も高まっていました。空挺団が戦線で戦うというのはどういうことなのか、そもそも空挺団とはどういうことをする人たちなのかというところを伺いたいと思います。

小川（陸）：空挺というのは、エアボーン（航空機を使って部隊を機動及び展開させる戦術）のことで、一般的に隊員は落下傘で目標地域への直上降下をするか近傍の地域に降ります。最も効果的なのは、戦争の最終局面において、極めて戦略的に重要なポイントで、一気に敵の後方などの緊要地形を急襲する要領です。しかも地上部隊とリンクアップ（連携）できる地域や時期に空挺攻撃をすることが必要となるわけですね。ロシアは2月24日、侵攻を開始してすぐにキーウ近郊のホステメル空港に空挺部隊を降ろして展開しましたが、失敗しました。本当は、戦争当初段階に単独で運用する部隊ではないのです。大事な時を待って敵の後方に降ろし、地上部隊とリンクアップさせるという戦略的な運用をされるべき部隊なのです。

空挺団というのは、地上に降りたら普通の歩兵と同じです。彼らが前線で戦っているということは、形式的には空挺部隊の隊員だけれども、実質的には地上部隊として運用されているということだと思います。

桜林：ようするに移動手段が落下傘なのであって、地上に降りたら地上部隊と同じということですね。

厳しい訓練で知られる 陸上自衛隊第1空挺団
©Aegis/PIXTA

小川（陸）：はい。その空挺の部隊だけであれば、兵站《へいたん》能力が限られているので、早く地上部隊とリンクアップさせたり、空輸で補給したりする必要があります。しかし、リマン近郊はすでに地上部隊で後ろから補給をしているでしょうから、通常の運用が可能なんだろうと思います。だから、特に空挺だからという話ではない。ただ、リマン近郊は激戦地であることから空挺部隊という屈強で弱音を吐かない兵士たちを置いているというのはあるかと思います。

桜林：自衛隊でも、習志野の空挺団といえばやはり屈強な人たちの集まりというイメージがあるというか、実際にそうですよね。

小川（陸）：「俺たちは空挺の隊員だ」という誇りもありますからね。団結力もそれで養われるし、「俺たちが諦めたら日本が諦めたのと同じである」という意識もある。周りからもそれを期待されていますからね。

桜林：空挺には、素早く相手の陣地に入ることができるという特殊性がある。だから、どんな国でもやはり空挺はたいへんな訓練を行うと聞きます。

小川（陸）：かなりの重量の物を運搬する徒歩移動のトレーニングをします。空挺投下後の行動はレンジャー（陸上自衛官付加特技。レンジャーの特技課程を修了すると徴証《ちょうしょう》を受ける）の訓練とちょっと似ていますね。空挺隊員は、ほとんどがレンジャー特技も保有しています。

ロシア軍は消耗戦を〝強いられている〟

桜林：5月27日の時点で、「ルハンスク州のガイダイ知事によれば、ウクライナの支配地域が5%に縮小し、ロシア軍が3方向から包囲を進めていて、ウクライナ部隊が完全に孤立する恐れが出ている」という報道がありました。この状況についてはどうご覧になりましたか？

小川（陸）：「包囲」という言葉が使われていますが、私は包囲作戦にはなっていないと思っています。「3方向から攻撃されている」とは言えますが、「包囲作戦」とは違います。たとえば、ウクライナ軍の後方に対して、ウクライナ軍が下がる前にその後方を遮断すること、機動力を発揮して相手の後ろに行く状態を「包囲作戦」と呼ぶんです。

今回のウクライナ戦争では、ロシア軍はただ単に三正面から押しているだけで、それをウクライナ軍は一正面ずつ確実に止めています。3方向から攻めてくる敵をしっかり受け止めながら消耗戦を敵に強要している状態ですから、3方向ともおそらくほぼ計画的に戦闘ができています。どこか抜かれているとか、機動戦を使われているといったことがほとんど起きていません。キーウ攻撃においても、ロシア軍に後ろを取られて困った状態にはなっていません。ハルキウもそうです。つまり、ロシア軍は機動戦を行えていません。

ソ連時代から続くロシアの得意の「作戦術」（戦争の政治的な目的達成をもとに軍事的な戦術を組み立てていく軍事作戦の指導技術。戦略と戦術の中間に位置づけられる）は、敵軍の指揮・統制能力・士気等を弱めて戦闘継続の意思を失わせる機動戦においては、非常に効果を発揮します。でも、現在のロシア軍は実際のところ、戦術的に攻撃を実直に繰り返して物質的な被害を与える消耗戦を行っている状態になっています。

一方、ウクライナ軍は、あくまでも3方向から攻撃を受けているという状況なので、おそらく計画的に下がろうと思えば下がれます。そうやって計画的に撤退する状態がいつかは生まれるかもしれませんが、ロシア軍の包囲作戦によってウクライナ軍が〝逃げるように下がる〟という状態には陥らないのではないでしょうか。

各戦闘を見ても、たとえば南側のポパスナでは、ウクライナ軍が陣地をいくつかつくって、出たり引っ込んだりしているなか、ロシア軍はその敵陣を一個ずつ直線的に攻めていました。つまり、付与された任務地域において実直に目標線に向かって攻撃をしているんですね。これが機動戦であれば、敵側に向かって突き出た陣地など、直射火器による相互支援が困難な場所に対して2方向ないし3方向から攻撃すれば、まずそこは落とせます。その後、戦車を投入して機動を発揮して攻撃をしていく。そうすれば、そこは包囲作戦という形になって、機動戦が使えているという状態になるわけです。

ロシア軍の攻撃によってウクライナの支配地域が縮小したとは言っても、今のところロシア軍は突破口を開いて後ろへ回るような作戦はまったくできていないという気がします。むしろウクライナ軍によってロシア軍は「消耗戦を強《し》いられている」という状態が生まれている。そういう戦い方をウクライナ軍は続けているのだと思います。

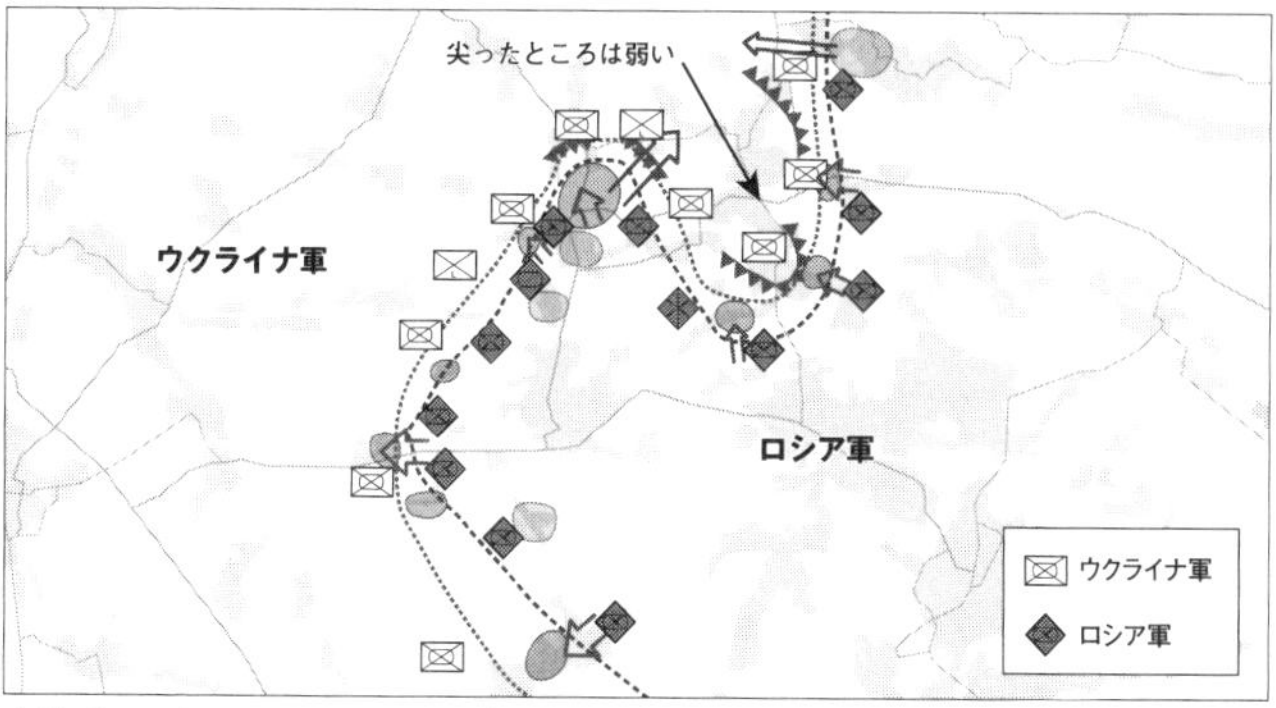

南側ポパスナ。twitterなどであげられていた情報をもとに作成

小野田（空）：ロシア軍は包囲しようとしていたけれども、ウクライナ軍がそれを阻止しているという理解でいいんですか？

小川（陸）：私にはそう見えます。キーウ攻撃についても、ロシア軍は、本当はもっと機動力を駆使して後方に回り、包囲作戦の形にしようとしていたのではないでしょうか。しかし、空挺部隊をまず降ろして次いで増援部隊を来させようと思ったら、空港を使えなくさせられて増援部隊を投入できなかった。その後、地上部隊でキーウの北西側から攻めようとしたら、ウクライナ側がダムを破壊して水浸しにしたため、道路を使う以外になくなった。よって今度はハルキウ正面から予備隊が攻め込んだけれども、それも途中で止められてしまった、という具合ですね。本当ならもっと機動力を発揮して、キーウの南側、つまり後方に回ってウクライナ軍を包囲したかったはずですが、結局、そうはならなかったようですね。

優勢なのか、劣勢なのか

小野田（空）：イギリスの国防省やアメリカの国防省も、4月くらいには、頑強にウクライナが抵抗していてロシアの損害が非常に広がっている、ということを言っていましたね。ところが5月末の時点で、ハルキウ州の重要拠点であるイジュームは攻略され、ドネツク州北部の鉄道輸送の拠点リマンも攻略された。これでもウクライナが優勢と見るべきなのか、いや時間はかかっているけれどもロシアの攻撃は成果を得ていると見るべきなのか、いったいどういうふうに見るべき状態なのでしょうか？

桜林：そこのところを知りたいですね。

小川（陸）：私が知る限りプーチン大統領が言っていた停戦条件は、「ウクライナをNATOに入らせるな」でした。それから「ドネツクの自治を認めろ」「ルハンスクの自治を認めろ」「クリミアの自治を認めろ」ということだったと思います。これをそのまま捉えれば、そこから外れた占領地域においては、無駄な戦力を使っているということになりますよね。ハルキウやキーウにずっと戦力を使い続けるということは、ウクライナがNATOに入るのをやめたとすれば、もったいない戦力をずっと使い続けているということになるわけです。戦略レベルで見れば、目的に合致した軍事運用がなされていない。無駄なことに投資をしているということになります。

ロシアは、無駄なところに投資をして戦力を使っている。戦闘的に見れば、確かにウクライナが負けてロシアが取っている状態にはなりますが、ロシアにとってはやりたいこととズレが生まれているわけです。ただでさえ戦力が足りなくなり始めているのに、そんなところに戦力を使い続けていいのか。目の前のウクライナ軍に対して勝ちに行こうとすればするほど、ロシアの特別軍事作戦の目的からは遠のいてしまう。そういう状態に陥っていると思います。

戦争目的という点で見た場合、ウクライナのゼレンスキー大統領は、「2014年時点の自分たちの土地を取り戻すんだ。武力によって土地を変更されることに対して抵抗するんだ」と言っています。これは妥当な話だし、国際社会が認めやすい戦争目的です。一方、ロシアの戦争目的は、ウクライナが大量破壊兵器を持っているからとかいう話もありましたし、ウクライナでロシア系住民がいじめられているから自治を認めろという話もあった。これがどれぐらい国際社会から認められるかというのはちょっと難しいところです。

それから、過去にウクライナは、ソ連の崩壊とともに独立したのはいいけれども、ロシアにもNATOにも、「俺たちが守ってやるからあまり戦力を持たずにいてくれよ」と言われました。

ウォロディミル・ゼレンスキー大統領

しかし、それを信じて、つまり、ロシアとＮＡＴＯの「諸国民の公正と信義を信頼して」いたら、運命を共にするという民族国家ではなくなったんです。「軍事にお金をかける必要はない」ということになり、非常に弱くなった。ところが、２０１４年のクリミア侵攻をきっかけに変身しました。あれ以降のウクライナには、非常に高い民族国家としての意識、自分たちの国家を守ろうという運命共同体としての意識を強く感じます。

一方のロシアは、そういった民族国家の強さについてはどうでしょうか。ちょっとフニャフニャした状態であるような気がします。

戦争では、そういった背景が全部あった上で、戦争目的に対して妥当な軍事力をきちんと投入しているかどうか、が重要になります。ウクライナ側は、一個一個の戦闘では確かに負けたりしていますけれども、民族国家としての団結力と国際社会の正義を得た、というところを見るべきでしょうね。ウクライナがより大きな正義を手に入れて、それに対して向かっていることを総合して考えれば、優勢・劣勢についてはある程度見えてくるんじゃないかと思います。

軍人なら絶対にしない、ロシア軍のバカげた作戦

小野田（空）：第一局面において、ロシアは3月末に「キーウ方面の作戦については目的を達成したからやめた」と言い、4月上旬には東部及び南部に戦力を集中して攻撃目標をシフトしました。その後、ハルキウ、イジューム、スラビャンスク、マリウポリ、ヘルソンというラインがいわゆる最前線になった。結果的にイジュームも取り、マリウポリも攻略に成功し、ヘルソンも攻略に成功した。それが、5月後半には、ドネツク州、ルハンスク州内のセベロドネツクあたりが前線になり、ロシア側はそこにヘルソンやハルキウにいた部隊を回しているようだという分析が行われていました。ということは、4月上旬よりも5月後半においては、ロシアは戦線を縮小させて、攻撃の焦点を絞るようにしたということになるんでしょうか？

小川（陸）：そう思います。では、ハルキウやヘルソン方面など目的よりも張り出しすぎていたところはいったい何だったんですか、ということになりますよね。それは、統一指揮がとれていなかったのかもしれませんし、目の前にいる敵をやっつけているうちにそこへ行ってしまったということも、もしかしたらあるかもしれません。

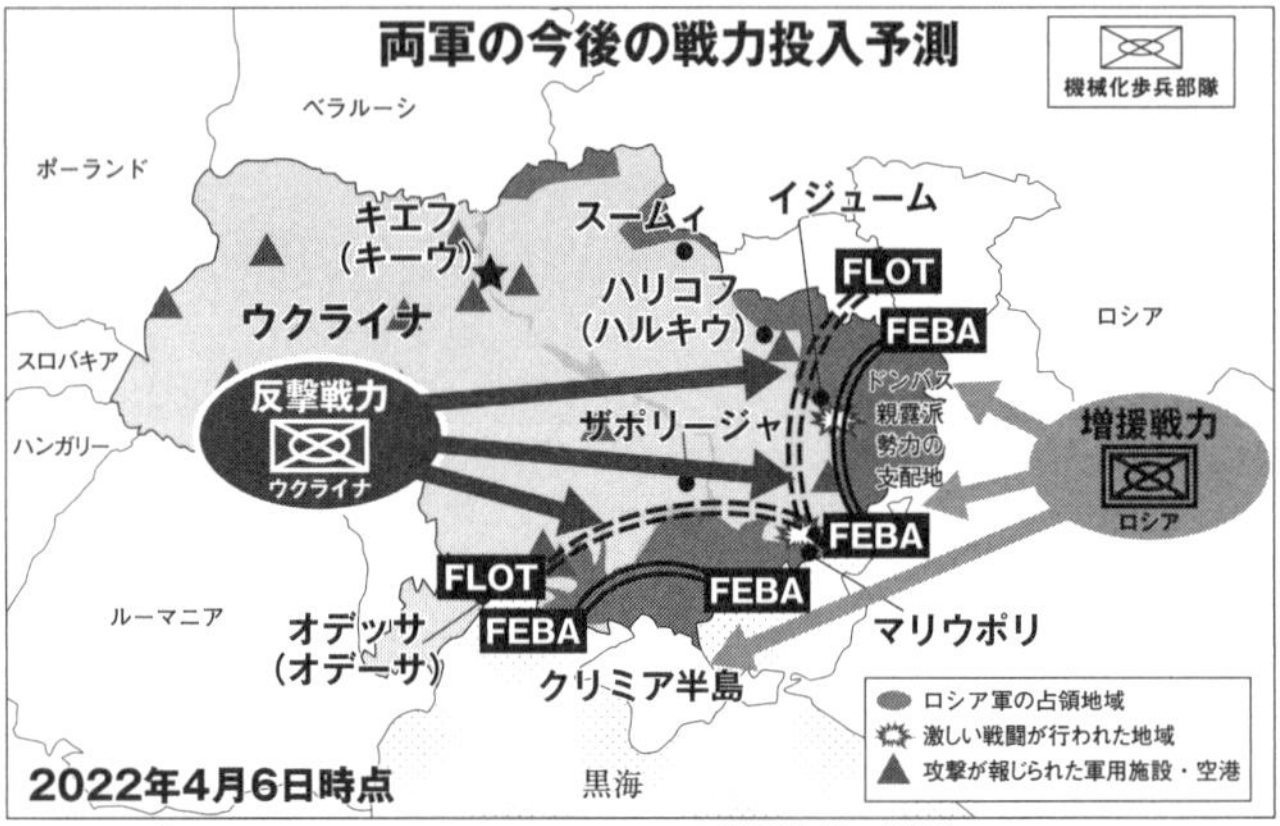

ＦＥＢＡ（Forward Edge of the Battle Area：主戦闘地域の前縁）
ＦＬＯＴ（Forward Line of Own Troops：自軍の前線）

もう一つは、陸軍のその後の防御態勢を取ろうと思えば、ＦＥＢＡ（Forward Edge of Battle Area：主戦闘地域の前縁）の前面に警戒陣地が欲しい。そこまで張り出す必要があるからやったといえばそうだろうというのはわからなくもない。けれども、そこに投入した火力やら何やらは相当なものだと思います。それだったら、最初からドネツク、ルハンスクに集中すべきではなかったのか、クリミア半島に集中すればあそこまで前線を出す必要はなかったのではないか、という問題があります。現状はルハンスクの残ったところにまだ戦力を集中しているわけで、これを取る意味がどこまであるのかというところなんです。戦略レベルの目的に対して、それを作戦レベルに落とし込んだ時に、戦略目的に合致するような軍事作戦に落とし込めているかどうか、私はそこにそもそもの疑問を感じましたね。

伊藤（海）：私は最初から変だなと思っていましたけどね。「プーチンは、考えていることとやっていることが違うじゃないか」と。ずっとおかしいですよ。軍はたぶんそんなバカではない。特にゲラシモフあたりの参謀総長がそんなバカな作戦をやるわけがない。どのレベルの人間がそんなおかしなことをやっているのか、という話です。国家目標として言っていたこととやっていることにあまりのギャップがある。だから、世界から孤立したわけですよね。本当に理解できない。

桜林：軍のプロではなくて、むしろたとえばプーチン大統領が細かい作戦レベルまで指示している可能性もなきにしもあらずということですか？

小川（陸）：その可能性はあるかもしれません。しかし、そもそもなぜ軍の指揮命令系統に畑違いの人が入ってきてはいけないのか。陸上自衛隊であれば、人材育成として師団長をつくるのに30年、方面総監をつくるのに35年ぐらいかけるわけです。長年をかけて部隊の重さをわかり、人の重みをわかり、方面隊を動かすにはどれぐらいの全体最適を目指して指揮すべきかということを徹底的に頭に入れるわけです。違う畑からいきなり来た人は、全体最適を無視して、「ここはちょっとこうできないか」「ああいうふうにできないか」と、一点だけもしくは局所を言うんですよ。こうしたことは人事や予算の仕組みでも似たようなことが起きるんですが、責任のある指揮官の立ち場からすれば、全体のバランスを考慮して一番いいと思える形にしているわけです。人事担当者の案に対して「ちょっと彼をここに動かしてくれないか」と言われても、それに従って1人動かせば、あと20人ぐらいは動かさなければ駄目だということになるんです。そして全体最適は大きく崩れます。

また、大前提として、指揮命令系統の間には誰も入れてはいけません。指揮官は、普段訓練をしている指揮下部隊の能力や指揮官の能力を理解しています。そのことを理解している人が全体最適を果たすために指揮をします。そして、いざ有事に備えるために軍隊というのは、指揮命令系統を強くし続けるための訓練を愚直に行っているんです。

政治と軍事との関係で、ベトナム戦争においてアメリカが猛反省したことがあります。当時のロバート・マクナマラ国防長官が戦術目標まで指示をして、戦果の集計要領にまで口を出していました。戦略を言うべきマクナマラ長官が戦術まで降りてきて、それまで軍人がずっと取り組んできた全体最適の部分に入ってきてしまった。だからその後、アメリカでも戦略と戦術の中間に作戦術を取り入れ、作戦術・戦術は軍人の専管事項、戦略は政治家、という線引きをしました。ロシアも同じで「政治の介入はここまでですよ」というラインを一生懸命、つくったわけです。今のロシアは、それのどこかに破綻が生じているのかもしれません。

桜林：歪んだ、間違えたシビリアンコントロールみたいになっているということでしょうか？

伊藤（海）：軍人なら、こんなバカな作戦は絶対やりません。ずっと不思議でしょうがなかった。

桜林：そこはやはり軍事のプロから見て違和感があると。

小川（陸）：資源をものすごく無駄に使っている可能性があるんです。ロシアはもしかしたら、もうちょっと効率的に少ない資源で戦争目的を達することができたかもしれない。一方、ウクライナは最初からものすごく少ない戦力です。でも、2014年のクリミア侵攻から8年間ぐらい準備していましたから、ある意味では、きわめて効率的に戦い続けてきているのではないかと思います。物量の差で負けており、領土を取られてはいるのですが、ロシア軍に機動戦を一切許していないウクライナの防衛作戦の強さというのは非常に評価できると思います。

桜林：2014年からの8年間というのは、ロシアにしてみれば、一つの成功体験からくる「チョロいものだろう」という感覚、ウクライナにしてみれば準備期間、ということになるでしょうか。

伊藤（海）：ウクライナが準備しているということは、当然、ロシア軍も知っていましたよ。ゲラシモフ参謀総長とその下の将官たちは皆わかっている。8年前のダメダメのウクライナ軍と同じだと思って戦おうとするのは、軍人以外の人間のやることですよ。

桜林：やはりそこに何か政治的な茶々が入ったということは、プロの目からは一目瞭然ということですね。

小川（陸）：２０１４年のクリミア侵攻は、ロシアから見れば成功したように見えるけれども、その中には、「今後ウクライナがこう変われば失敗の元になる」という教訓も含まれているわけですね。我々も日露戦争の時に成功の中の失敗を学ばなかったことが後々ものすごく痛手になったわけです。

桜林：勝って兜《かぶと》の緒を締めなきゃいけなかった。

小川（陸）：勝利の時にこそ、成功の陰に隠れている失敗を徹底的に学ばなきゃいけないんですよね。

アメリカのエンドステート

桜林：5月21日にバイデン米大統領が約４００億ドルのウクライナ支援法案に署名しました。どんどん予算を通していきますね。日本円にして5兆円あまりになります。日本の防衛予算を丸ごと追加するレベルですけれども、これはアメリカのバイデン大統領にも相当に強い考えがあるということでしょうか？

伊藤（海）：先ほどの話にもあったように、今のロシアがやっていることは、まさにおかしいわけです。これでもし、ロシアが勝つというか、このままプーチンが許されるとしたら、それこそ世界秩序が終わります。アメリカにとってのエンドステート（最終的に実現される状況）は、ウクライナ防衛を超えて、「ロシアの弱体化である」とすでに明言しています。[※1]そこが目的になっているから、そのための予算になってきたということですね。

4月28日にはレンドリース法（2022年ウクライナ民主主義防衛・レンドリース法：ウクライナへの武器供与を大統領の権限で迅速に決定できる法律）も成立したから、ホワイトハウスでどんどん決めて、どんどん支援を出せるようになりました。アメリカ自身の目的が「ロシアの弱体化」に変わったということです。たぶん内側では、「ロシアを叩き潰す」くらいの議論をしているでしょう。表向きの言葉は「ロシアの弱体化を目指す」ですが、もう完全に「許さんぞ」モードに入っているということですね。

桜林：米陸軍の武器、備蓄分もかなり供与をしていますから、備蓄分を増産する必要がありま

※1　オースティン米国防長官は4月25日、訪問先のポーランドで会見を行い、「ロシアがウクライナ侵攻のような事態を繰り返せない程度にまで弱体化することを望む」と述べた。

す。あるいは、海外に売る計画だったものもあり、その補填分も増産しなければいけないので、製造元も……。

伊藤（海）：軍産複合体は大喜びでしょう（笑）。

桜林：それを陰謀説につなげる人もいますけれどもね（笑）。一方、日本は予算もつけないで自衛隊の不用品を提供しています。そこに突っ込みを入れる人は少ないんですが、本当にそんな協力の仕方で終わらせてしまっていいんだろうかとも思います。

伊藤（海）：現行法ではそれしか方法がありませんからね。ようするに、そういう枠がないわけですよ。日本には、困った外国のために、国際安全保障のために何かをしようという法律がない。だから現行法上は、「自衛隊が不用品として廃棄処分したものを配布しました。」ということにする。すると、当然財務省からは「防衛省が自分で廃棄処分したんだから自動的に予算は増えませんよ」と指摘されますから、防衛省・自衛隊は備品購入予算を新たに要求する、という形をとるんですね。今は役人の人たちは、現行法の中でどうすればいいかを考えながら、一生懸命やっています。

桜林：国際社会の中で、「あれ？　そういえば日本ってこれしかやっていないじゃん」なんてことにもなるわけですから、やはり取り急ぎこういうことはやっていかないといけないような気がします。

優秀な火力が必要な理由

桜林：ウクライナはアメリカに「多連装ロケットシステム（MLRS、Multiple Launch Rocket System）」の供与を求めていて、5月31日にバイデン大統領がそれを提供する旨、ニューヨーク・タイムズに寄稿したということがありました。ウクライナとロシアの一番大きい火力の差はこのMLRSだと言われています。MLRSは自衛隊も運用していますが、その威力、役割、重要性について教えていただきたいと思います。

小川（陸）：すでに供与されていたM777は155㎜の榴弾砲中心、MLRSは227㎜のロケットですね。MLRSは2個のランチャーに各6発、合計12発が入ります。場合によってはATACMS（Army Tactical Missile System：エイタクムス）という300㎞飛ぶ誘導ミサイルを運用します。これはロケット弾だと6発入るランチャーに替わってATACMSを1発搭載するランチャー1個を積むことができて、合計2個のランチャー搭載になります。また、HIMARS（High Mobility Artillery Rocket System：ハイマース）という6発入りのランチャーが一個積める装輪型の高機動ロケット砲システムもあります。

M777とMLRSの比較

	M777	MLRS
口径・射程	155mm・40km	227mm・300km
弾種	M982 誘導榴弾	ATACMS
発射速度	2発／分	12発／8分ごと

注：上記の MLRS の射程・弾種は、ATACMS 以外に射程 80km の HIMARS も可能

ウクライナはHIMARSかMLRSが欲しいということでした。M777だと1発ずつの発射で、1分間に2発ぐらいの発射速度ですから、何台かをまとめて撃たなければ敵を火力制圧できないわけです。

ウクライナにはロシアのスメルチみたいな自走多連装ロケットシステムがあったと思うんですけれども、数が少なかった。部隊というのは、前線の歩兵の強さというよりは、歩兵の後ろから飛んでくる砲弾に守られ、横からの戦車の強い火力に守られ、という3者の連携プレーによって安心して戦えることで強くなるわけです。以前はクラスター弾があり、100ないし200の子爆弾がまとまって一気に飛んで行って、敵の戦車にくっついている歩兵や砲兵を全部制圧できたんですが、今はそれができません。

桜林：クラスター弾は、2008年のオスロ条約で製造も保有も使用も禁止されましたね。

小川（陸）：はい。もしかするとロシア側はやるかもしれませんが。いずれにせよ、射程距離の長い誘導弾で敵の砲兵を制圧することによって、敵からの火力による被害を抑えるということ、自分たちの砲兵を守るために相手の砲兵を制圧することが重要なわけです。戦車単独で突っ込んでも全然駄目だということは、ロシア側もさすがに学んではきていると思います。しかし、それでも与えられた任務をやり続け消耗戦を継続しているという状況になっているわけです。

砲兵の精密な火力が、必要な時に、必要な場所に、命中する――それがやはり非常に心強く、確かな戦力になってくれます。そのためには、火力量の多い、射程が敵よりも長く、誘導が精密である火力はやはり欲しい、というよりも必要なんですね。

ただ、ATACMSだと300km飛んでしまいますので、それは戦略的にロシアを刺激しすぎるのではないかという懸念が米側にありました。けれども、最近ゼレンスキー大統領は「2014年までの国土に回復したい」という政治戦略目標をエンドステートとして掲げ始めました。その目標を達成する方法としては、軍事力によって大規模反撃を行う、もしくは侵略された国土を回復することで交渉による政治的決着に持ち込む、などが考えられますが、いずれにしても必要な戦力が自分の手元にないと交渉の場にすら持っていけないわけです。そうしたことを軍事力でどこまでやるか、政治交渉に持っていける態勢をどこまでつくるか、という

ATACMS（エイタクムス）

交渉材料を持たないとその次の段階である停戦交渉には持っていけません。そういう事情があって、ウクライナはMLRSの供与を強く求めたということなのだろうと思います。

桜林：効力としては、面を制する装備の必要性が高いということですね。

小川（陸）：はい。もう少し言うと、核兵器がなぜ核抑止になるかといえば、こういうことです。一撃目で敵の軍事力に大きな打撃を与える。撃たれた側は、今度は潜水艦などから相手の都市を狙う。するとさらに大きい被害が表出する――そういう事態がシミュレーションでみんなの目に焼きついているし、頭の中に明確に描くことができる。それを先に予想するから抑止になるわけですね。

通常戦力も同じで、相手側の心理に「このまま頑張っても近い将来必ずやられてしまうかもしれない」という状態をつくり込むことによって、より停戦交渉の場につきやすくすることを狙わなければいけない、ということです。

第三章

ウサデン（宇宙・サイバー・電磁波）という戦場

バイデン大統領来日 日米首脳会談やQUAD＝日米豪印首脳会談開催

本章は「チャンネルくらら」2022年6月13日に配信された動画「陸・海・空 軍人から見たロシアのウクライナ侵攻」第6回後編にもとづき編集作成したものです。

ウクライナ侵攻の主な出来事〈2022年6月前半〉

6月1日 アメリカサイバー軍ナカソネ司令官が、ウクライナを支援するためサイバー防衛や情報収集だけでなくロシアに対して「攻撃」を含めた一連の作戦を実施したと語った独占インタビューを英テレビが放映。

6月3日 侵攻開始から100日目の節目を迎えるこの日、ゼレンスキー大統領は「軍はロシアの侵攻を撃退し、勝利は我々が手中に収めるだろう」とビデオ映像を通じて演説。

6月4日 ウクライナ東部ルハンスク州の主要な拠点のセベロドネツクで、大規模な交戦が起こる。

6月5日 ドンバス地方で戦闘を指揮していたロシア軍のロマン・クトゥーゾフ少将とロマン・ベルドニコフ中将が戦死。

※防衛省HP「ウクライナ関連」や各種報道、ウィキペディアなどを参考に作成

宇宙の「目」

桜林：宇宙（ウ）・サイバー（サ）・電磁波（デン）がまとめて「ウサデン」と略称され、防衛の新領域として注目されてきています。今回のウクライナ侵攻でも、この領域での動きが非常に重大な影響を及ぼしていると言われています。とはいえ、かなり古典的な戦いが展開されているような印象も受けるのですが、一方ではこういう新領域も動いていると見ていいんでしょうか？

小野田（空）：報道されていない部分がかなりあると思いますね。ウサデンについてはきちんと理解をする必要があり、そのためにもウクライナ侵攻をウサデンという視点で見るのは非常に重要で、意味のあることだと思っています。特に一般の方々は、宇宙、サイバー、それから電子戦などというものは、ほとんど目にすることがありませんから。

まず宇宙に関していうと、今回のウクライナ侵攻には非常に特徴的な部分がありました。2022年に入ってから、ロシアがベラルーシを含む国境沿いに非常に大規模な戦力を集積し、2月20日にはベラルーシとの合同軍事演習が終わったのに撤収しないという状況がありました。そうした状況の証拠として、皆さんが「確かにその通りだ」と確認したのは、衛星写真でした

ロシア軍がセベロドネツク中心部に繋がる橋を破壊。右上にMAXARのロゴが見える ©Maxar Technologies/Newscom/ アフロ

よね。あの衛星写真は、米軍の衛星が撮ったものではなく、アメリカの民間会社のものです。有名なところではマクサー・テクノロジーズという会社があります。この会社の衛星写真は右上隅あたりに「MAXAR」というロゴがついていますからすぐにわかります。かなり精度が高い衛星写真です。

重要なのは、軍事行動がもう普通に宇宙から監視されているということです。これはもちろん民間が勝手にやっているのではなく、政府の依頼を受けたアメリカの衛星会社がウクライナに衛星写真を提供していたわけです。それによってウクライナは、どの程度の規模の軍隊、どの種類の軍隊がどこに集結しているかを侵攻前に知っていました。

この宇宙の「目」は、これからの戦争を考えていく上で非常に重要です。ロシアの立場に立って考えると、見られてしまう状況を防止するためには衛星を攻撃するしかないのか、という話になります。「目」を潰すということですね。しかし、さすがに宇宙を戦場にしてしまうと、それこそ第三次世界大戦になるかもしれません。

では、ロシアはいったい何をするのかと言えば、「宇宙から得られる情報を少しでも弱体化させる」という方法です。宇宙と地上のアセット、つまり情報資産は必ず電波で繋がっています。だから、その電波を妨害する。衛星通信を妨害するわけです。それから、宇宙からくるGPS信号を妨害する。GPS信号を妨害すると、たとえばGPS誘導のミサイルは正確に目標に当たらなくなります。そういった方法をロシアは実際、いろいろと使っているのです。

報道されていて皆さんもよくご存じの話だと、2月24日、ロシアが侵攻する直前に、バイアサットというアメリカの会社の通信衛星ネットワークがサイバー攻撃を受けて、ウクライナだけでなく周辺諸国も衛星通信が不通になったという事件がありました。

ネット回線に関することで言えば、物理的な破壊によってウクライナ国内の回線が壊滅状態に陥った時、米実業家のイーロン・マスクがすぐさまスターリンク（地球低軌道上の人工衛星を用いてインターネット接続を提供する、スペースX社のブロードバンドサービス）をウクライナに提供しました。ウクライナのフョードロフ副大統領がTwitterでイーロン・マスクに支援を訴え、イーロン・マスクがTwitterで「提供する」と即答したのが、侵攻開始の2日後、2月26日のことでした。直ちにトラック1台分のスターリンクの地上端末がウクライナに運び込まれたと言われています。

以降、ウクライナはスターリンクの通信システムを安定的に使えるようになったのですが、その直後、3月4日には、イーロン・マスクがTwitterで、端末は注意して使うように呼びかけています。ロシアは衛星に関して豊富な経験を持っているので攻撃を仕掛けてくる可能性が高い、ということです。実際、注意喚起した翌日の3月5日に、イーロン・マスクは「スターリンク端末の一部が電波妨害を数時間受けていたが最新のソフトウェア更新で電波妨害は回避した」というTweetをしています。

イーロン・マスク

それから、ウクライナ・コンピューター緊急対応チーム（CERT－UA）によれば、ロシアのサイバー攻撃は侵攻前から複数のインフラストラクチャーに対して行われていましたが、中でも4月8日に起動して高圧変電所の切り離し攻撃を実行するようセットされていたマルウェアの無効化に成功したという事象がありました。この時にはスロバキアのESETというセキュリティ企業とアメリカのマイクロソフトの技術者が協力しました。この一件は、サイバー界ではかなり大きなニュースになりました。

ロシアの電子戦にやられた2014年のウクライナ

小野田（空）：サイバー防衛というのは、今は、マルウェアに侵入されないように防護するという考えではないんです。政府レベルのシステムも、一般的に使われている携帯電話も、マルウェアが侵入してくるということはもはや防げません。被害を局限する、あるいは可能な限り被害を早く復旧するという方向にサイバー防衛はシフトしています。これを「ゼロトラスト」と言います。ようするに、「完全には防げないということを前提に物事を考えていく」ということで、これが今の世界の潮流になっています。日本はその取り組みが遅れているなどと巷《ちまた》では言われています。防衛省は2022年度予算でウサデンの3分野に関連する自衛隊各部隊の増強に着手しています。

ウサデンの3番目の「電磁波」は、具体的には電子戦、EW（Electronic Warfare）のことです。EWは3つの区分に分かれています。電子的な攻撃を意味するEA（Electronic Attack）、電子的な攻撃を防護するEP（Electronic Protection）、どういう電波が使われているかという情報を収集するES（Electronic Support）の3つです。

ロシアは特にこの電子戦の分野で非常に手強《てごわ》い能力を持っていると言われています。米軍の専門家に聞いても一般論ではそのように言うのですが、実はウクライナ侵攻に際しては、ロシアがあまり電子戦の能力を活用した形跡が見られないと指摘されています。

2014年ドンバス地域の攻防では、ロシアがいわゆる親ロシアの勢力を支援したわけですが、ロシア軍がものすごい量の電子戦の機材を戦線に供給しました。そのためにウクライナ軍はかなり指揮統制を乱して、厳しい戦いになったわけです。2014年は、電子戦によって指揮統制が乱れたウクライナが負けたという部分があります。そうした苦い経験があり、ウクライナはその後の8年間で米軍の協力を得て、電子戦能力を大きく高めました。

ウクライナ軍の参謀本部がつくったロシア軍EW部隊の構成というものがあります。これを見ると、一個軍団に所属する中隊レベルの専門部隊が持っている装備が示されていて、2014年のドンバス地域で、親ロシア勢力が運用した機材がわかります。

専門部隊は、4種類の小隊に分かれています。指揮統制をするC2、VHF周波数帯を妨害する小隊、UHF周波数帯を妨害する小隊、その他の周波数帯を妨害する小隊です。

それぞれいろいろな機材を使っているわけですが、妨害の対象はVHF帯とUHF帯、それからもう一つ非常に重要なのはGSM（Global System for Mobile Communications）つまり携帯電話の周波数帯です。ヨーロッパで用いられていた、いわゆる2Gから3Gにかけての技術ですね。これを妨害する能力に加え、衛星通信を妨害する能力、GPS信号を妨害する能力も持っていてフルスペクトラム、全範囲的です。

ロシア軍EWには電子攻撃の優先度があります。その第一がウクライナ軍のUAV（Unmanned Aerial Vehicle）つまりドローンの行動を抑制することです。

GPS 妨害もできる多用途 EW 装備クラスハ

EW 装備の R-934UM

コントロール信号を妨害してUAVが飛べなくなるようにします。UAVには自立して飛ぶものもあるんですが、自立して飛んでいたとしても、たとえばカメラの情報などはすべて電波で送られますから、それを妨害する。これが第一優先です。

第二優先は、通信に対する妨害です。VHF帯、UHF帯、携帯電話を妨害する。第三優先は、自分たちの持っている電子戦のシステムと物理的な攻撃兵器を組み合わせて、実際に物理的な打撃を加えるということです。第四優先は、敵の情報漏れを探知して火力を集中する。この四つの優先度のもとで2014年のウクライナはひどい目に遭ったんですね。

2022年、ロシアの電子戦の状況

小野田（空）：ではなぜ2022年のウクライナ侵攻では、そういう被害に遭っていないのか。これが実は専門家の疑問点です。

まず一つ言えるのは、2014年当時のドンバス地域は守る側と攻める側の戦線というものがだいたいはっきりしていた。だから、相手側の陣地に向けて電波妨害すれば高い効果が得られた。ところが、今回のウクライナ侵攻では、たとえば三方から敵陣を攻撃するといった時には、そこに向けて電波妨害をすると、敵も妨害されるけれども味方も妨害を受けてしまうわけです。

3月に、キーウ方面でロシア軍が携帯電話を使ったために通信を傍受され、将官が複数人殺害されたという報道がありましたよね。ロシア軍もウクライナの携帯電話網を使っているので、ウクライナ側の携帯電話を妨害すると自分たちの携帯電話も使えなくなってしまいます。だから、「電子攻撃をやめろ」という指示が上から出ていた可能性があります。

師団司令部が現場のBTGにいくら通信しようとしても繋がらない。その原因は自分たちが電子攻撃をかけているからだという事態がありうるわけです。もちろんウクライナ側もそういう手段を持っていますから、ウクライナ側の攻撃だったのかもしれません。

バイラクタル

もう一点は、電波妨害をすると、妨害源がどこにあるのかある程度特定されてしまうということです。三角測量で妨害源の位置を探知できるんです。ウクライナ軍はそれを的確に掴んで、バイラクタルのような無人戦闘航空機を使って攻撃をしました。

また、ウクライナ軍は3月10日、ある情報をSNSでオープンにしました。国民に対するメッセージです。こんな趣旨でした。

「信愛なるウクライナの皆さん、次の優先目標は電子戦と電子偵察システムです。今や戦争は近代技術に大きく依存しています。ロシアのEWとPERシステムは破壊しなければなりません。そうすれば、ロシア軍の部隊は大幅に弱体化し、我が国の兵士に有

Mi-8

利になるのです。図のような装備を目にしたら直ちに軍に通報してください」

このメッセージとともに、戦線に展開しているロシア軍の電子戦機材の写真が並んでいました。

Oryxというオランダの軍事情報サイトがあります。Oryxでは、ウクライナ市民から送られてきた写真を分析して、ロシア側の実際の損害を開戦以来計上し続けています。そこに、ロシア軍のEW機材は9台と出ていました。少ないなという感じがしますね。写真で送られてきている以外に、破壊されたり、鹵獲《ろかく》（敵から兵器などを獲得すること）されたりしたものがもっとあるんだろうと思います。電子戦の機材は、鹵獲されると自分たちがどのような能力を持っているのか、すぐに敵に知られてしまい対策ができます。ちなみにウクライナ側の損害は0台で、これは、もともと持っていなかったということかもしれません。

こうしたことがおそらく、ウクライナがクリミア危機での苦い経験以降、8年間かけてアメリカ軍などと協力し、ロシアとどう戦うかをいろいろと分析してきた成果だと思います。だから、今回のウクライナ侵攻では、実はロシアが電子戦を有効に使えていないという結果になっているのではないかと思います。もちろん、これから先のことはわかりません。

以上は主に陸上戦の電子戦です。航空であれば、相手のレーダーに電子攻撃を仕掛けたりします。海上も同様ですよね。ロシア軍のＳｕ－25、Ｓｕ－34あたりの戦闘爆撃機であれば電子戦用のポッドをつけて広範に電子攻撃を行うことができます。それからロシア軍にはＭｉ－８というヘリコプターがあります。電子戦用のポッドをつけて広範に電子攻撃を仕掛けることができます。おそらく、実際にやったと思います。撃墜されたものもあるのではないかと思いますが、それは明らかになってはいません。

日本政府の防衛装備品の輸出規制緩和方針

桜林：2022年5月29日の各紙で、日本政府が防衛装備品の輸出規制の緩和を検討していて年末までに方針決定をする、という報道がありました。戦闘機やミサイルなんかも提供したらいいんじゃないかという話も出てきています。こうした動きについては、どうご覧になっていますか？

伊藤（海）：これは日本政府というよりも、最初は自民党の提言（新たな国家安全保障戦略等の策定に向けた提言。第一章参照）の中にあった話ですね。なぜそれを盛り込んだかというと、せっかく無理して防弾チョッキとかを送ったのにウクライナから「ありがとう」がなかったから（笑）。それで「もうちょっと戦闘に役立つものも送れるんじゃないのか？」と、自民党の安全保障部会あたりで大騒ぎになって、防衛装備移転に関する提言としてひと言入れた、ということかと思います。

桜林：提案をした、という段階ですね。

伊藤（海）：ようするに、日本の安全保障に関する法体系には、国際安全保障において武力行使に関わる、とする法律がないわけです。したがって、日本の法律内で考えると、「自衛隊で余っている装備品を送る」という方法しかなく、なんとか形だけを整えて、国際社会の一員としての役割を果たすということしかできない。だから、そこをもっとよく考えましょう、という提案だったという認識です。

小野田（空）：戦闘機、ミサイルとおっしゃいましたが、自衛隊の持っている戦闘機とかミサイルは余っていませんから、さすがに海外に送る余裕はありませんよね（笑）。自衛隊自身も、仮に戦争が始まった時には足りないかもしれないと思っているわけです。それでは、どんなものを送ればいいのか、送ることができるのか。それをもう一回きちんと枠組みとして考えましょう、ということなんじゃないかと思います。

アメリカやフランスなどの諸外国はだいたい武器供与のための専門の省庁をつくっています。そういう専門の省庁があるから、「第三国に渡らないように」といったさまざまな合意ができて、きちんと管理をした状況で装備移転ができます。

日本は今のところ防衛装備庁（防衛省の外局。防衛装備品の研究開発、調達、補給、管理などを行う）が装備移転を担当しています。庁内には諸外国のような専門的な部署がなきにしもあらずですが、それは海外協力的な部署であって、きちんと管理する体制にはなっていません。装備移転をもうちょっと広範にできるようにするためにはどのような管理体制が必要かということが、総合的に検討されるべきだと思います。それから「装備移転していいですよ。防衛産業の皆さん、どうぞ」と言われても、もともと競争力がありません。

桜林：企業側も嫌がりますよね。「ミサイル輸出していいですよ」と言われて「はい。します」と手を挙げるような会社は日本には絶対にないと思います。

小野田（空）：実際のところ、営業努力も含めて、やはり政府が助けてくれないと難しいでしょうね。首脳が自ら外国に行って「この装備品はあなたの国で役に立ちますよ」と売り込むような政府の営業活動が必要だと思います。そういうバックアップがあって装備移転が可能になるという枠組みにしていかないと「旗振れど兵は動かず」になりますよね。

桜林：私は防衛装備庁に広報機能を持たせてもいいんじゃないかなと思います。防衛省や陸・海・空の自衛隊には広報機能がありますが、防衛装備庁だけの広報機能も必要になってくる気がします。

小川（陸）：最近、防衛産業についての重要性は日本国内で浸透してきたと思います。ドイツは第一次世界大戦で負けて以降、第二次世界大戦までの間にたいへんな悲哀がありましたが、ソ連と結んだラパッロ条約[※1]などに見られるように、防衛産業を守るということがいかに大事かということを、国を挙げて理解していました。防衛産業をどうやって存続させるかが国の防衛の根幹だ、ということです。その点は私たち日本人もしっかりと理解しておきたいですね。

ところで、自民党の「新たな国家安全保障戦略等の策定に向けた提言」では、「3文書のあり方」という項目のところに「米国の国家軍事戦略を参考に防衛力の運用に焦点を置いた文書の策定について、防衛省において検討する」という一文がありました。これに私は注目しています。安全保障の観点から国家戦略的に防衛省が運用に焦点を置きつつ文書を作成・検討する、ということです。

防衛省が庁から省に昇格したのは平成19年（2007年）ですが、その時に何度か部外の方から質問されたのは「省になって何が変わるんですか？」ということでした。表面的には、内閣府から独立して財務省に対して直接予算要求できるようになります。しかし、実際には省になる以前からも財務省に行って直接予算要求をやっていましたから、変わりがないんですね。法律も省から直接提案できるようになりましたが、実際には以前から直接提案していましたので、省になっても手続きは基本的に同じです。

私が当時思ったのは、「国が防衛省という機能をどのように使うかの問題である」ということです。当時は防衛庁という自衛隊を動かす組織があり、安全保障全般を司るのは外務省という感じでした。では、日本の国家防衛をまとめて見るところはどこか。それが疑問でした。

ある若い内局の方と話をした際のことですが、「僕、もう辞めようと思うんですけど」「えっ、何で？」「何のためにいるのかよくわからないです。毎日のように新聞の切り抜きとコピーと国会答弁用に作成した書類の〝てにをは〟を直されているだけなのです」と聞いたことがあり

※1　ラパッロ条約：第一次世界大戦後の国際社会（ヴェルサイユ体制）から疎外されていたドイツとソ連が、1922年にイタリア北部の都市ラパッロで国交を樹立した条約。ソ連は主に経済・軍備の強化のため、ドイツは戦後のヴェルサイユ条約で制限されていた軍備を密かに再開するため、互いに協力関係を望んだ。ドイツ国内では国防軍・重工業界もソ連との協力に積極的な姿勢を示したほか、同条約を通じてドイツ政府は、国際的な監視を受けながらも、航空機等の開発・生産と開発した兵器に必要な教育訓練を継続した。

ました。そもそも防衛省にとって重要な任務は、国家の国防戦略をつくることです。だから、その任務を与えられた時にできるようにする、もしくは自分たちから提言をする形にしていかなければならない、と当時は強く考えていました。やっとそれが、先の自民党の提言の一文で文章として表されたと思い、非常にありがたいなと感じたわけです。

防衛産業、防衛装備の輸出、海外の有事への対応はどうするのか、国土防衛を専守防衛でやっていくのであれば民間防衛はどうするのか、国を挙げてどのような仕組みをつくっていくのか。地下の避難所の整備などは、どれぐらいの危険を想定して、どれぐらいの安全度を国民に提供しようとしているのか。四方を海で囲まれた日本では、ウクライナのように車で海外に逃げられません。そして、海外に向けた防衛装備の輸出についても国防体系の中にしっかりと組み込んでいただければと期待しています。

桜林：まだまだ世間には装備移転について十分に理解されていないところがありますよね。「青息吐息の防衛企業を救済するためじゃないのか」みたいに思われています。装備の提供というのは安全保障そのものであって、戦略的にやっていくべきものです。本当に、重点的に「だからこそこの防衛産業というのを守るんだ」という目的を明確にした方がいいですね。

小川（陸）：有事法制研究では、自衛隊の動かし方だけに焦点があてられて、防衛出動する自衛隊が各省庁所管の平時の法律に違反しないように適用除外することに神経が使われました。有事に防衛出動している時に、交通法規はどこまで守るのか、陣地をつくったら建築基準法の除外適用があるのか、消防法の適用はあるのかなど、自衛隊は各省庁の法律に対して許可を求めなければいけない形になっているわけです。有事法制研究の結果、現在は自衛隊法に適用除外される関係法律が記載されています。本来は国家を挙げた防衛のために、各省庁所管の法律を有事型の法律体系に変えて、どうやって国防に寄与していくかという法律をつくっていくべきなんじゃないかという気がします。自衛隊がどうして許可をもらって防衛出動しなければいけないのか。いちいち、「そこは適用除外してあげますよ」という形は、国家防衛の取り組みとして疑問だな、と感じています。

QUAD首脳会談とバイデンの台湾有事発言

桜林：2022年5月24日にQUAD（日本、アメリカ、オーストラリア、インドの4カ国で構成される戦略的対話。QUADは「4」を意味する英語）の首脳会合が日本で開催されました。

また、当日には、中国とロシアの爆撃機計6機が日本周辺を共同飛行したという防衛省の発表もありました。首脳会合に先立っては、5月14日に航空自衛隊が在日米軍と大規模な共同訓練を実施しました。さらに、首脳会合の前日5月23日には日米首脳共同記者会見でバイデン米大統領が「中国が台湾に侵攻すれば台湾防衛のために軍事的に関与する」と明言するなど、QUADをめぐってさまざまな話題がありましたが、皆さんはどうご覧になっていましたか?

伊藤(海):QUADは、マラバール演習という、海上自衛隊、インド海軍、アメリカ海軍の日米印の共同演習がそもそもの枠組みになっています。この演習を見た当時の安倍総理やその周辺の人たちの間で「この枠組みって使えるよね」という話になった。もう一方では、日本、アメリカ、オーストラリアの合同演習もあった。僕らからすれば、演習レベルの話だったんですね。それが、新たな枠組み、もともとは戦略だった「自由で開かれたインド太平洋(Free and Open Indo-Pacific、FOIP)」の構想のコアをなすものとして位置づけられていったわけです。ご承知の通り、安倍さんが言い出したこれを、当時のトランプ米大統領が、「俺がつくった案ということにしてくれ」と言って、今はアメリカの戦略にもなっています。

世の中の皆さんはQUADのことをまるでNATOのような新たな同盟のように思っているけれども、まったく違います。わかりやすくいうならば、QUADは外務省が仕切っている枠組みなのです。首脳会談も、中身は結局、ODA（Official Development Assistance：政府開発援助）をどうするか、といった内容になっているんです。お金の話なんですね。軍事的な側面はどこかへいってしまって、それよりも「この4つの国で中国の経済的・政治的な浸透をどう抑えるか」という協議に使われているわけです。実際、特にアメリカがバイデン政権になると、「インド太平洋経済枠組み（Indo-Pacific Economic Framework［IPEF］アイペフ：バイデン米大統領の呼びかけで2022年5月に発足した経済圏構想）」のような、外交・経済の議論にすっかりシフトしてしまったのも、むべなるかなと思っています。だから、今のQUADは、ミリタリーのイメージというよりも、実際はもっと外交・経済を中心とした枠組みになっているんじゃないでしょうか。

バイデン大統領の台湾有事についての発言は、わざとでしょうね。2021年12月8日、バイデン大統領はプーチン大統領との首脳会談の翌日に、取材記者に対して、「ウクライナへのロシア軍の侵攻を阻止するために一方的に軍事力を行使する考えは今のところない。アメリカ軍は派遣しない」と答えた。あ

マラバール演習。並んでベンガル湾を航行する日米印の海軍艦艇（2014年）

のひと言で国内でもボコボコにされたわけです。おそらくそれが頭の中にすごく苦い経験としてある。だから、中国の存在を意識した台湾との関係、いわゆる「一つの中国」に対する政策は以前からの曖昧戦略で変わらないだろうけれども、「私は断言したい！」というところでしょう。いつものように閣僚たちが「政策は変わってない」と言って火消しに回るパターンが繰り返されている、ということですね。

小野田（空）：QUADはもともと、戦略的協議枠組です。ですから、範囲は非常に広い。政治から経済から、いろいろと含んでいます。私はここ数年来、定期的に中国の有識者とWEBでやりとりしていますが、面白いのは、QUADという言葉が出てきて以降、「中国を封じ込めようとしているんじゃないのか」ということをしきりに尋ねてくるんです。もちろん「そうではない」と答えます。「QUADは4カ国の協議枠組みであって、もともと安倍総理の「自由と繁栄の弧」構想の核をなす協議枠組みなのだ」という説明をするんですが、彼らは信じないわけです。

今回、QUADの4カ国のうちのインドが、ロシアの侵攻に対して明確な非難的態度をとらずに、中立に回っていますよね。それをアメリカやオーストラリア、日本が非難しているかというと、していない。各国がインドの立場をしっかりと理解しているからです。そういうインドときちんと協議ができるということが、このQUADの非常に大きな意味です。それを中国

左からオーストラリア首相のアンソニー・アルバニージ、アメリカ大統領のジョー・バイデン、岸田首相、インド首相のナレンドラ・モディ（2022 年 5 月 24 日）
出典：首相官邸 HP

がちょっと違う目で見て、「俺たちを包囲しようとしているんじゃないか?」と警戒してくれれば、それは抑止の枠組みとしても意味があるのかもしれないと思います。

さらにその上に、今度はイギリスやフランスといったヨーロッパ、NATOあたりがアジア太平洋に関心を深めていてQUADにもコミットしてきています。こうした多層的な協力関係が組み上がることによって抑止力は非常に高まるし、台湾問題についても非常に大きな抑止になると思います。これを強化していくことで、中国の軍事的な先鋭化をある程度まで平和裏に抑止していく効果も期待できると思います。

桜林：バイデンさんの台湾に関する発言についてはいかがでしょうか?

小野田（空）：中国が武力攻撃をすればアメリカは台湾を守るという趣旨のバイデン大統領の発言は、一方では独立は支持しないと言ったり、独立は台湾が決めることだと言ったりしたこともあって、狡猾な政治的手段なのかもしれないと思います。いずれにしてもそれが抑止あるいは地域の安定を高める上で効果的であることを願います。結局のところ、中国がこれをどう受け止めるのか、習近平がどう思うか、です。ウクライナのようにプーチンのウクライナ侵攻決心を助けるような方向に作用すれば逆効果だし、「いや待て、ちょっとこのタヌキは怪しいぞ、真に受けたら危ない」と思ってくれれば抑止効果になるということでしょうかね。

桜林：QUADの首脳会談の直後にテキサスの小学校で銃撃事件があって、バイデンさんがすぐに記者会見をしていました。私もそれをたまたま見ていたんですけれども、とてもボケているという感じはしないというか、記憶も相当に鮮明だな、と思いましたね。ご本人の関心の度合いにもよるんでしょうけれども。

2020年のマラバール演習に参加するオーストラリア、インド、アメリカ、日本の艦船

小野田（空）：むしろ私が危ないと思うのは、トランプさんがあの銃撃事件のあとに、全米ライフル協会で、学校に武装した警察官や警備員を配置すること、高度な訓練を受けた教師が銃を持つことができるようにすることなどを訴えていたんですね。すでに同様の事件が3000件も起きているのに、アメリカの政府、地方自治はまったくそれを止められない。私は、その最大の要因は銃器の許容というところにあると思います。アメリカという国も世界的な標準から見るとやはりかなりの特殊性があるな、という感想を持ちました。

桜林：小川さんは、このQUADに関する話題やバイデン大統領の発言についてどうご覧になりましたか？

小川（陸）：私は、QUADそのものというより、国際社会に対する日本の位置づけということを考えます。「国際貢献」という言葉をよく耳にしますが、貢献って何でしょうか？　むしろそれは「国際義務」でしょう。あるいは、国際社会の秩序構築に日本が国としてどう向き合っていくのか、ということではないでしょうか。振り返れば、それは日本の国益にもなるはずです。「正義と秩序を基調とする国際平和を誠実に希求」するのであれば、憲法9条があっても、それを目指すべきですよね。正義と秩序を基調とした国際秩序をつくってくれ、それを国民が国に対してやってくれと憲法で言っているわけです。それに向けて枠組みをしっかり使っていくのは悪いことではありません。とはいえ、自分たちの覚悟をしっかりと決めて、どうしたいのかということを考えなければいけないわけです。

バイデン大統領に関しては、過去の一連の動きや「軍は派遣しない」という発言でウクライナ危機を招いてしまったところが確かにあるかと思います。しかし、アメリカの今までの戦争を振り返ってみると、次ページの図のように総括できるのではないかと考えています。たとえば第二次世界大戦には勝利したものの、冷戦後には国益が変化し、「勝っても目的を達成できない」と

年代と戦争	結果	その後
1940年代 第二次世界大戦	米・連合国勝利	冷戦突入と国益未達
1950年代 朝鮮戦争	米介入・引き分け	南北分断
1960年代 ベトナム戦争	米介入・米敗戦	ベトナム国家成熟
1990年代 湾岸戦争	米主導・米勝利	テロ頻発
2000年代 イラク戦争	米主導・米勝利	戦後処理困難
2010年代 アフガン戦争	米主導・米勝利？	戦後処理困難

戦争とその後のパラドックス

いうパラドックスが起こる状況になっていました。

冷戦前についても、朝鮮戦争に介入したのはいいけれども、結局介入前とほぼ同じ38度線で終戦を迎えています。ベトナム戦争でアメリカはある意味で負けましたが、北ベトナムを支配したベトナムはその後国家として成熟し、今ではしっかりアメリカと国際会議ができる関係です。ちなみに、私も数年前にそうした会議の席につかせてもらいましたが、ベトナムの方はこちらがちょっと恥ずかしくなるくらい本気で「日本を敬愛している」と言ってくれましたね。国家としての成熟を感じました。

その後の湾岸戦争も、イラク戦争も、アフガンも、カオス状態を招いてしまいました。

アメリカは民主主義を広めようとしてきました。しかし、それをするには、そこの国の民族主義、民衆の気持ちをわかった上で、議会制民主主義を当該国が採用した場合には選挙というものを立ち上げなければならない。では、外から来たアメリカがそこの国

今後のウクライナの安全保障

民族国家へと団結が強化

ゼレンスキー大統領を中心とした民族意識醸成
（運命共同体意識）

↓

安全保障を強く意識した**民主国家** ＋ **国際社会の支援**

＝

NATO 加盟にも勝る国家の貴重な財産

の民衆の気持ちがわかるのかというと、けっこう難しい話ですよね。ウクライナの場合は、ある意味偶然的な要素もありますが、自分たちで民族主義を強めて、「自分たちの国を自分たちで守るから武器をくれよ」という意識に変わってきています。私は、ウクライナは今後、一民族、一国家として、民主主義の土台がすごくよくできた国になるのではないかと思っています。

記者がバイデン大統領に台湾のことを尋ねた時には、確か「get involved militarily」という表現を使っていたと思います。military を deploy する、つまり「軍事力を送る」という言い方ではなくて、involved、つまり「関与させる」という表現なので、直接、軍事介入するかどうかという表現とはちょっと違うかなと思います。もしかしたら、ウクライナのケースと似たようなこと、つまり軍隊を送らず兵器で支援するということを考えている可能性がなきにしもあらずです。そこの国の民族主義を高めていく、本当に民主主義を世界共通の価値観に持っていこうと思ったら、今までのアメリカのやり方、力づく一辺倒ではないやり方が重要なのかもしれません。第二次世界大戦後の日本の占領はアメリカとしてはとてもうまくいったと評価していると思いますが、これは非常に特殊なケースであって他の国には参考にならないと思います。アメリカは、民族主義・民主主義を広める努力をし続けてきて、ある意味で今、転換点に来つつあるのかなという気がします。

自衛隊トップのNATO参謀長会議出席

桜林：NATOとQUADは違うという話が先ほどありましたが、2022年5月19日に、自衛隊トップの山崎幸二統合幕僚長がNATO参謀長会議に出席しました。かなり大きく報じられていたと思いますが、それについてはどうご覧になりましたか？

伊藤（海）：NATO参謀長会議には、日本だけではなくて、韓国、オーストラリア、ニュージーランドの参謀長が出席していました。アメリカの統合参謀本部議長マーク・ミリーを真ん中にして5人で並んでいる写真が報じられていましたよね。つまり、インド太平洋地区代表として山崎統幕長は行かれたんです。

これはまさに2007年に当時の安倍総理が「NATOにちゃんと関与したい。日本の価値観と考え方をNATO側に伝えることが必要だ」と言っていた、日本の思惑の一つの実現です。アジアにおける日本の考え方を、ヨーロッパの正面の人たち、中でもいわゆる安全保障枠組みの人たちに直接語りかけるという意味でNATOとの連携が必要だ、ということなんですね。

それに呼応するように、2014年のクリミア危機の直後、NATOは方針を変えてパートナーシップ政策をとり始めました。NATO側の思惑も今、域外の国々ともパートナーシップを結ぶというところにあるわけです。サイバーをはじめ、いろいろな非伝統型の脅威があるなか、従来型の脅威以上に、域外の国々とのパートナーシップ連携こそが抑止には必要だということです。そうしたNATO側の思惑もある一方、2021年9月にイギリスの最新鋭空母「クイーン・エリザベス」が日本に初寄港したように、こちら側の思惑に合うようなことが起きている。中国を中心とする強権的な脅威にかき乱されている状況にヨーロッパも引っ張り込みたい、というインド太平洋側諸国の思惑とちょうどピッタリと合っているということです。だから、今回の山崎統幕長の出席も、NATO側の招待でしたよね。

小野田（空）：山崎統幕長のNATO参謀長会議出席は非常に意味のあることだと思います。

昔話になりますけれども、私も空幕の防衛課長だった時に、NATOのAWACS部隊を訪問したことがあります（AWACSはAirborne Warning and Control System の略。早期警戒システムを搭載した空中警戒管制システムないし早期警戒機）。AWACSの機種は違うんですが、搭載しているシステムはほとんど同じでした。日本とNATOとの間で、たとえばこのAWACSの運用あるいは維持整備について協力できないか、ということをNATO側が非常に積極的に語っていたのを思い出します。

山崎幸二統合幕僚長（右から二人目）がNATO参謀長会議に出席

今後、そういった協議をどんどん拡大していくべきだと思います。特にサイバーの分野などでは、欧州で起きていることとアジアで起きていることと、そんなに大きく違わないわけです。そういう面でもNATOと協力を深めていくということは非常に意味があります。これはやってきたようで、実は今まであまりやってきていないんですね。イギリスがアジア太平洋への関与を強化したり、フランスが強化したりしていることが一つの契機です。EU及びNATO全体として、アジア太平洋に関わることに利益がある。だから、安全保障上の関与を強化する。彼らから見ても、中国というものが非常に巨大化しているということがあり、「ロシアばかり見ているわけにはいかない」という危機意識もあるわけです。そういった戦略の中で、彼らがアジア太平洋に出てきている状況を、利用しない手はありません。これから何を協力していくのかというのを具体的に詰めていくということは非常に重要だと思います。

小川（陸）：NATOとNATO非加盟国欧州各国との間の軍事面の協力を強化するPartnership for Peace（PfP）が設立されたのは1994年のことです。ユーゴ紛争が続いていた時期であり、PfPは、冷戦終了後のNATOの新戦略コンセプトでした。ドイツはNATOの枠組みを使って域外派遣を行いました。確かアドリア海にAWACSを出したと思います。当時はイラクのクルド人問題もだんだん燃え上がってきて、イギリスの北アイルランドの問題もちょっと燃え上がってきて、という時期でした。第二次世界大戦後の世界を固めようとした国連の一民族・一国家主義に合致しない問題による民族紛争がずっと起き続けているわけです。

日本人は人種も民族も国もほぼ一致していますから、民族という問題をそれほど感じません。国民は運命共同体であって、一緒に運命を共にするものであるという民族教育もほとんど行われずにきました。けれども、NATOが冷戦後ずっと取り組んできた、一民族・一国家とはなっていないことが原因で発生するであろう民族問題はアジアにはまだまだ存在しています。アフリカにも存在していきます。これをどうしていくかという問題に日本は取り組むべきだと思いますね。日本には、冷戦構造がまだ完全に終わりきっていない国や地域が周辺に存在しています。絶対に、民族に関する問題が日本の周辺にも出てくるはずです。

桜林：日本人は、概念の扱いが得意で、スピーチは上手にできるかもしれません。けれども、何ができるのかという具体的なところに弱い。まさか日本は現状のままで「国際貢献」という言葉を使い続けるのか。本当に世界の一員としてやるのであれば、求められるハードルも上がっていくでしょう。だいたい、「国際貢献」という言葉自体、上から目線のイメージがありますよね。

小川（陸）：他人事のように聞こえますよね。どこか別のところに主体があって、その横っちょから貢献します、というような姿勢ですよね。

桜林：工業開発のために開発途上国・新興国側の組織的能力を構築することを「キャパシティ・ビルディング」と言って、「能力構築支援」と訳されていますが、こういった言葉すらもうやめた方がいいんじゃないか、という話も国際的には出てきています。日本人には、無意識に平気でそういう言葉を使っているところがあると思いますね。今はもう視点が変わってきました。日本が具体的にどういう役割を担えるのか、そういう時代に入っていくのだろうと思います。

第四章

防衛政策の展開

083

後方支援・研究開発費・非対称戦・サイバーセキュリティに予算を

本章は「チャンネルくらら」2022年6月19日に配信された動画「陸・海・空　軍人から見たロシアのウクライナ侵攻」第7回にもとづき編集作成したものです。

ウクライナ侵攻の主な出来事〈2022年6月中旬〉

6月15日 ウクライナ軍のウォロディミル・カルペンコ地上部隊後方支援司令官は、米軍事専門誌「ナショナル・ディフェンス」のインタビューでロシア軍とのこれまでの戦闘で、歩兵戦闘車約1300台、戦車約400両、ミサイル発射システム約700基など、それぞれ最大で50%を失ったと明らかにした。

6月16日 フランスのマクロン大統領とドイツのショルツ首相、イタリアのドラギ首相がキーウを訪問し、ゼレンスキー大統領と会談。

6月17日 イギリスのジョンソン首相（当時）が、キーウを訪問し、ゼレンスキー大統領と会談。ジョンソン首相のキーウ訪問はロシア軍のウクライナ侵攻以後、4月以来2度目で、事前に公表されない電撃訪問であった。

6月18日 ゼレンスキー大統領がロシア軍の侵攻後初めてウクライナ南部のミコライウ州やオデーサ州を訪問し、軍関係者らに勲章を贈って激励した。

※防衛省HP「ウクライナ関連」や各種報道、ウィキペディアなどを参考に作成

2022年6月時点の「海」の状況

倉山満［以下、倉山］：ロシアがウクライナの侵攻を開始して100日ほど経った2022年6月12日はロシアの日[※1]でした。プーチン大統領は演説で国民に強い結束を促し、領土を拡大したピョートル大帝（ロシア帝国の初代皇帝。在位1682〜1725年。近代化政策を推進してロシアを列強の一員へと発展させた）の功績を称えるという、言うに事欠いた発言をしていましたが、とにかく我々としては冷静に分析していきたいところです。この章では、「戦後防衛政策の展開」について、ぜひお話をお聞きしたいと思っております。

ロシア帝国初代皇帝、
ピョートル１世（大帝）

※1　ロシアの日：1990年6月12日にロシア・ソビエト連邦社会主義共和国人民代議員大会が国家主権に関する宣言を採択したことにちなむ。もともとは独立記念日とされていた。1992年、最高会議の決定にもとづいて6月12日は祝日に。1998年にロシア連邦当時大統領のボリス・エリツィンが祝日の呼称を改め、「ロシアの日」と呼ばれるようになった。

まず海軍について伺いたいと思います。ロシアによって沿岸を封鎖されている黒海についてです。6月6日にウクライナ海軍が「ロシア艦船が黒海沿岸から100km以上退却した」と発表しました。黒海艦隊が戦力を大きく失ったという見方がありましたが、どのようにお感じでしょうか？　また、6月10日には、ウクライナ軍報道官の話として、ロシアが黒海に新たに潜水艦1隻を配備したという報道もありました。

伊藤（海）：まずロシア側が退却したと言われる100kmという距離についてお話しします。2014年以降、そもそもウクライナ海軍は、ないに等しい状態です。ですから、ウクライナ海軍が活躍しているというよりも、沿岸部からロシア艦艇に向かって陸上から発射するいわゆる対艦巡航ミサイルがそれなりに効果をあげている、と言っているのだと思います。つまり100kmというのは、このネプチューンなどの対艦巡航ミサイルの射程距離であり、その距離内にロシア海軍の水上艦艇が近接しづらくなったということなのでしょう。ウクライナが「ロシア艦船は100km以上退却した」というのは、そのことを言っているのだと思います。

一方、ロシアが黒海に「新しく配備した」とされる潜水艦については、その説明の解釈が少し違うのだと思います。現在、ボスポラス海峡やダーダネルス海峡はトルコが完全に封鎖しており、2月24日以降、軍艦が通るのを禁止しているわけです。黒海への出入り口はそこしかありません。もし「ロシアが新しく潜水艦を配備した」ということだと、ロシアはここを通るしかないので、トルコがロシア潜水艦の通行を許可したということになりますが、そんなことはありません。

確認してみると、2月13日に、ロシア海軍黒海艦隊のロストフ・ナ・ドヌーという新しいキロ級（Kilo class：NATOによるコードネーム。改良された新型は改キロ級と呼ばれる）潜水

ロシア潜水艦「ロストフ・ナ・ドヌー」©Russian Look/アフロ

艦がボスポラス海峡を北上して、すでに黒海へ入っているんですね。それ以外に揚陸艦も通っていて、ウクライナ侵攻直前にロシア海軍は黒海に入っているわけです。そのことを言っているのかな、と思いました。おそらく、やっと「見える化」した、ということではないかと思います。欧米の記事を読んでも「今回新たに黒海に入った」とは書かれていません。

このように、ボスポラス海峡あたりを含む黒海には、前からロシア海軍のキロ級潜水艦が6隻いるのです。オデーサをオープンにしたから大丈夫だろうと言われても、ロシアの潜水艦が存在する限り、制海権の確保は無理だと思います。いざとなればロシア

は自由に通商破壊しますからね。

倉山：ロシアは攻めあぐねている、ということは言われていますよね。

伊藤（海）：攻めあぐねてはいますけれども、ロシア側が未だに黒海の制海権を持っているのは、残念ながらその通りなのだと思います。黒海においてはロシアの方が有利です。

2022年6月時点の「空」の状況

倉山：ニューヨーク・タイムズが5月31日に「ドヴォールニコフ将軍が過去2週間姿を見せず更迭《こうてつ》の疑いが浮上している」と報じました。その理由は、「陸軍と空軍の連携強化に失敗し続けているから」だそうです。5月26日のニューズウィークには、元アメリカ陸軍情報分析官ウィリアム・アーキンの「ロシア空軍が弱いのは何もかも時代遅れだったから」という趣旨の論考が掲載されていました。「ウクライナからルーマニアに続くザトカ橋を10回近く空爆して破壊できなかったのがその証拠だ」ということなんですが、これについてはどうご覧になりますか。

小野田（空）：ロシアはなぜ航空優勢を取りにいかなかったのか、ということですよね。米空軍であれば、SEAD（Suppression of Enemy Air Defenses：敵防空網制圧）という対空制圧作戦を展開します。徹底的にウクライナの航空基地やレーダーサイト、地対空ミサイルを叩きにいかなければいけないはずでした。しかし、それが48時間で終わってしまった。これは米空軍の作戦の常識から見ると考えられないことです。この結果、ロシア軍は航空優勢が取れなくて、ロシア軍の航空機がウクライナ領内に侵入すると、地対空ミサイルや戦闘機の攻撃を受けてかなり撃墜されていると、ニューズウィークの記事が伝えていました。

ロシア軍の戦闘機を撃墜 ©General Staff of the Armed Forces of Ukraine/ZUMA Press/アフロ

米空軍の幹部などからも「理解できない」「何をやっているんだ」という声が聞かれたとのことです。ウクライナの戦闘機が相当数残存していて実際に活動していること、地対空ミサイルもかなり活発にロシア空軍と戦っていること、なども書かれていました。これらはどうも事実のようです。

記事では、ロシア軍が時代遅れである理由の一つにザトカ橋の失敗を挙げています。オデーサの南西60kmぐらい、モルドバ共和国に近いところにザトカというビーチリゾートの町があります。ドニエストル川から黒海に注ぎ込んでいる河口に砂州ができていて、そこに昇降区間が150mほどの長さの「ザトカ橋」があります。

　この橋をロシア軍が巡航ミサイルで攻撃したけれども、何回攻撃しても橋は落ちない。4月26日に1回目の攻撃を行って、最終的には5月16日まで、8回にわたって攻撃しました。アメリカのDIA（Defense Intelligence Agency：国防情報局）のとある専門官に言わせると、ロシアの巡航ミサイルは精密誘導ミサイルのはずだが、10発のうち2、3発は、発射できないか途中で落ちてしまう。なんとか目標に到達しても爆発しない場合がある。結局4割ぐらいの命中確率しかないのではないか、ということも紹介されています。こういうロシア軍の体たらくを、記事を書いた元アメリカ陸軍情報分析官は「時代遅れ」と表現しているわけです。

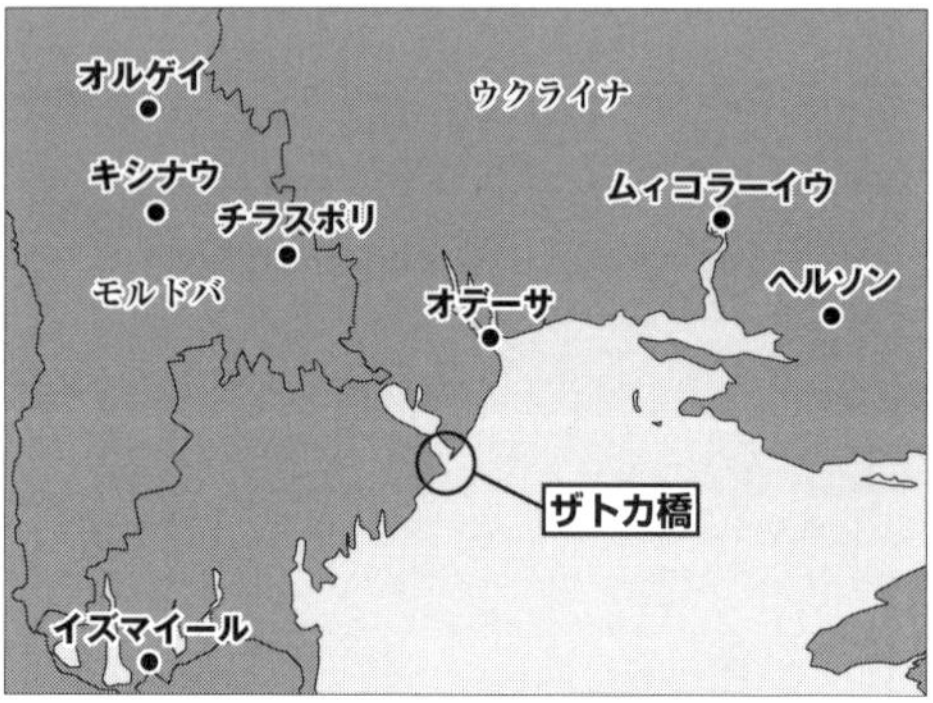

ザトカ橋の位置

　記事にはまた、ウクライナ軍が非常に上手に携行SAM（Surface to Air Missile）のスティンガーを活用しているということが書いてあります。そもそもスティンガーは歩兵が持つもので、対空制圧をしようとしてもまず無理です。ウクライナの地対空ミサイルは装輪で、撃ってすぐに移動するのが基本ですから、空から発見して攻撃するのも至難の技です。

ロシアは、ウクライナの航空基地についてはある程度攻撃していますが、単発でやめてしまった、というのが真実なんだろうと思います。

アメリカ空軍は、移動する地対空ミサイルを衛星や無人機などで探知追尾して攻撃するという訓練をしていますが、ロシア空軍はしていない。それはおそらく事実でしょう。

アメリカの場合、「作戦サイクル」というものがあって、情報分析、攻撃目標の選定、攻撃手段の検討、攻撃命令の作成、攻撃の実行というサイクルが72時間単位で繰り返されます。目標については、第1カテゴリー、第2カテゴリー、第3カテゴリーという大枠での優先度が設定されています。3つないし4つのチームが8時間交代ぐらいで作戦計画をつくっていきます。すなわち、最新情報を分析して目標を選定する。選定した目標に対してどのような航空機、どのような爆弾を使うのかという編成を決める。その編成を部隊に指示して、部隊が準備を行う。部隊が実際に攻撃を行う。攻撃した後にBDA（Battle Damage Assessment）と呼ばれる攻撃成果の確認をする。これを1サイクルとして、72時間で回していくわけです。

アメリカはこの「作戦サイクル」の訓練を組織的にやっていますが、ロシアは、そういう訓練をしている形跡がまったく見られないと言われています。

ニューズウィークの記事によれば、ロシアは、4月26日、27日、5月3日、10日、16日にザトカ橋を攻撃しています。この日付を見ればわかりますが、作戦サイクルがめちゃくちゃなんですね。1回目の攻撃をして、その24時間後に2回目の攻撃をする。それから1週間後に攻撃し、その後さらに1週間後に再び攻撃している。BDAはしています。しかし、次の攻撃まで7日間ぐらいかかっているわけです。そういう意味では、きちんとした訓練、組織的な作戦サイクルはできていないのではないでしょうか。

それからもう一つ、ロシア空軍の航空機がほとんどウクライナ領空に入ってきていない、ということが記事で指摘されています。多くはベラルーシやロシアの領空内から長射程の巡航ミサイルを発射して打撃をしているということです。なぜロシア空軍の航空機がウクライナ領空内に入らないのかというと、地対空ミサイルが恐いから。地対空ミサイルがなぜ恐いかというと、航空優勢が取れていないからです。なぜ航空優勢が取れていないかというと、最初に十分に打撃できていなかったからで、詰まるところ悪循環なんですね。その悪循環を断ち切ろうとする努力があまりなされていないということが指摘されていますが、それについてはまったく同意見です。

ニューズウィークの記事は、ロシア軍の被害とロシアが発表したウクライナの損害についても書いていますが、両軍が発表する数字がどこまで信用できるのかは疑問です。

なぜなら、ロシア軍は「ウクライナ軍の航空機を160機撃墜した」と言っていますが、ウクライナ空軍はヘリコプターを含めてもともと250機ぐらいしか持っていません。そのうちの160機が撃墜されたらほぼ全滅です（笑）。こういう数字は明らかにおかしい。

一方、ウクライナ空軍は「ロシア軍の航空機を200機以上撃墜している」と言うけれども、これも「盛っているのではないか？」と感じました。

実はオランダの軍事分析サイトOryxが、各地から送られてきた写真をつぶさに分析して被害損害を分析した数字を発表しています。それによると、6月時点でロシアの固定翼機と回転翼機の被害は70機ぐらいです。ウクライナ軍の被害は40機ぐらいという分析になっています。ですから、ロシア軍の損害は、70機から200機の間のどこかだろうということですね。

ウクライナ軍が善戦をしていてロシア軍の損害が増えているというのは事実だろうと思います。ロシア軍の戦い方が、やはり陸軍中心で、空軍は地上部隊の作戦を支援することが主任務で、対空制圧の訓練はあまりしていない。そもそもこの侵攻は、そこまで想定した作戦にはなっていなかったのではないかという根本的な疑問があります。

2022年6月時点の「陸」の状況

倉山：6月8日にウクライナ東部ルハンスク州のガイダイ知事が「セベロドネツクの9割がロシア軍に制圧された」と述べたという報道がありました。そして10日には、同じくガイダイ州知事が「ロシア軍は当初10日までにセベロドネツクの制圧を目指していたが、ウクライナ軍の市街戦での抵抗が激しかったため、計画を延長して22日までの制圧を目指すことに変更した」と述べたと報道されています。ウクライナ側が、作戦としてあえて市街戦に持ち込んで攻勢をかけているという見方もありますが、この攻防についてはどうご覧になりましたか。

小川（陸）：ガイダイ州知事が、当初10日までだったロシア軍の計画が22日まで延びた、という情報をどうやって調べたのか、非常に不思議ですよね。作戦計画書でも手に入れたのかな（笑）。作戦計画は、普通は日数で区切りません。仮に作戦計画で、奪取する目標を地形や侵出線で示し、さらにその目標の奪取日を計画で示したとすれば、奪取日を達成するためにさまざまな手を打って実現させるべきです。しかし、目標達成時期が遅れたにもかかわらず遅れるに任せて何の手も打たなかったとすれば、命令に対する強制力がどんどん落ちていることになり

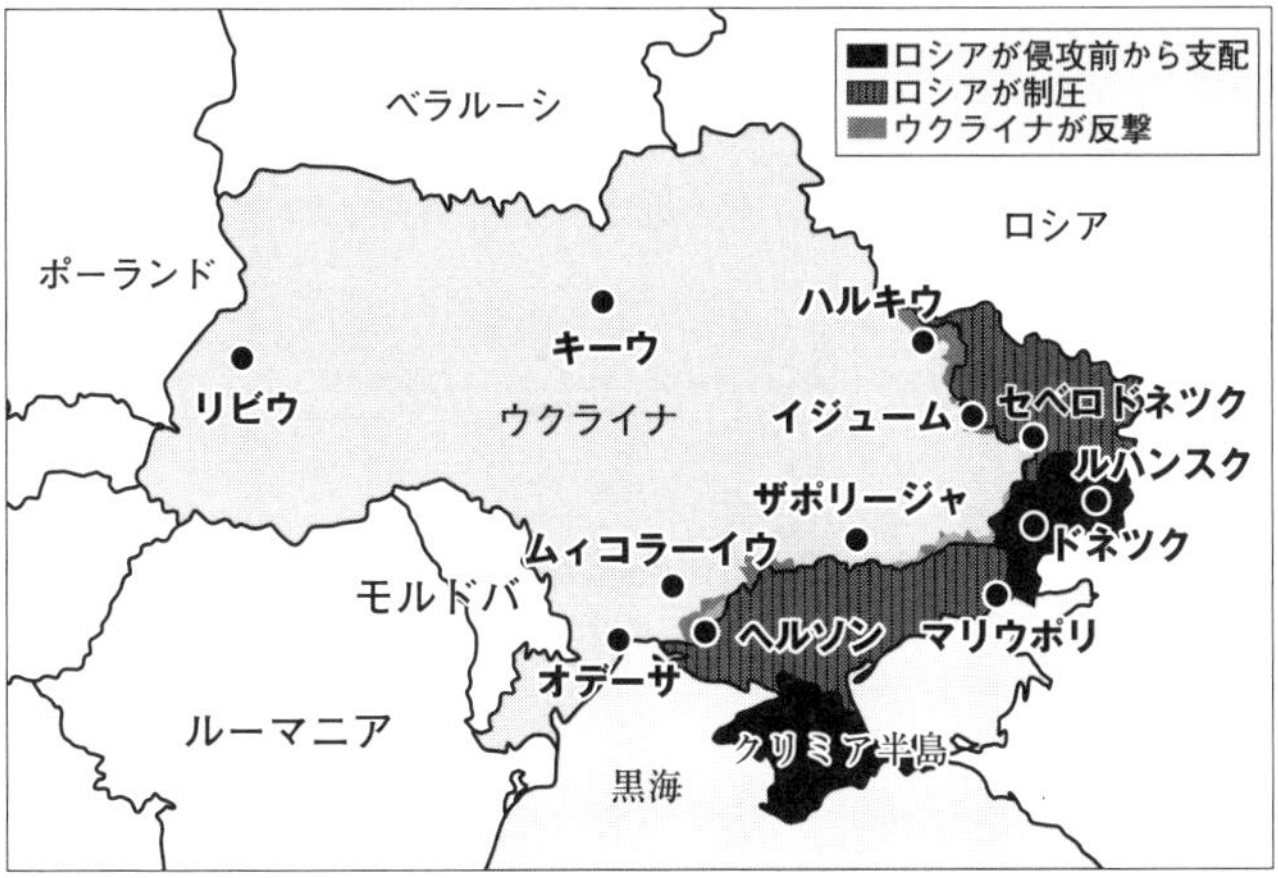

アメリカの政策研究機関「戦争研究所」などの情報をもとに作成（2022年6月時点）

ます。そのような計画を作成して自分の首を絞めることにそもそも疑問があります。それに、戦術レベルだと攻撃進展速度がどのようになるか正確には計算できないところがありますから。

それはそれとして、ある程度、攻撃進展が遅くなり攻撃衝力が落ちているような感じがしてきたんだろうとは思います。先ほど小野田さんがおっしゃったように、航空優勢が取れなくて、航空機による地上戦への支援があまりできていない。「ドヴォールニコフ将軍が解任された理由は航空戦闘と陸上戦闘の不一致」との報道がありましたが、その報道から察すると航空戦闘による支援がないに等しい状態なのだろうと思います。だから、地上戦単独でやらざるをえない状態になっている。

ロシアの侵攻状況は5月から6月にかけて、第一線の進出位置がそれほど変わっていません。戦車による前進や装甲車による前進、つまり地上戦力による機動がほとんど発揮されていない。

砲弾で相手を叩こうとしているけれども、その砲弾の命中率がそれほどよくないのではないか。砲弾による効果はかなり疑問な状態です。

先ほど小野田さんがおっしゃったように、この戦争が長引けば長引くほど、ロシア軍の練度の低さ、連携の悪さといったものがどうしても露呈してきます。被害も大きくなり、後続の補充兵士の練度が不足していたり、装備も不足がちになり性能も悪くなってきたりしています。そういう状況がロシア側には存在しているのだろうという気がしました。

セベロドネツクをめぐる攻防（6月20日）©ロイター/アフロ

だから、それほど前線が動いていないわけです。

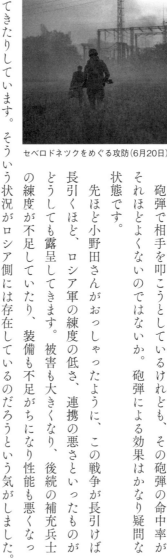

一方、ウクライナ軍はNATO側から同レベルの戦闘訓練を確実に受けて、供与された装備をしっかりと使いこなしている。防御態勢もなかなかしっかりしている印象を受けています。

セベロドネツクの市街戦に関していうと、市街地の恐さは、敵がどこに潜んでいるか、どこから撃ってくるかわからない3次元の戦闘空間であるところです。相手を制圧して前進したいけれども、あらゆる方向から敵の攻撃を警戒しなければならない。だから、一般的に市街戦は、防御側の方が有利で、攻撃側が市街地を攻め落とすのはなかなか難しいわけです。

写真で確認すると、セベロドネツクの市街は、日本の市街地とは違って、建物と建物の間が非常に空いています。つまり、一つずつ建物を制圧していきやすい市街地の状況なので、3次元空間として非常に脅威を感じる、という戦闘環境ではないと感じます。それでも苦戦しているということは、ロシア軍は市街地の戦い方の練度もあまり高くないのだろうと思いました。

米英供与の兵器はゲームチェンジャーとなるか

倉山：アメリカが6月1日にウクライナへの供与を発表したHIMARS（High Mobility Artillery Rocket System：ハイマース）という高機動ロケット砲システムは射程70㎞で、155㎜榴弾砲の射程30㎞の2倍以上になる優れものとされています。また、イギリスが6月2日にウクライナへの供与を発表した多連装ロケットシステムM270は、精密誘導ロケット弾の発射が可能で、射程は80kmとのことです。CSIS（Center for Strategic and International Studies。アメリカを代表する軍事シンクタンク：戦略国際問題研究所）は、これらの兵器がゲームチェンジャー（軍事バランスを変えるもの）になりうるという見方を示していました。はたしてそこまで言えるのか、ということについて伺いたいと思います。

小川（陸）：以前、「ロシアは3つの方向から攻撃しようとしているだけで、それは包囲戦と呼ぶ形ではない」というお話をしました。包囲は英語ではenvelopmentという言葉を使います。つまり、包み込むような攻撃要領です。

英国の多連装ロケットシステム「M270」（ラトビアの軍事演習で「サマーシールド」を実施）©ロイター/アフロ

敵防御陣地を正面から攻撃する時、その後ろの目標を取って、敵を全部包み込むようにする戦い方を「包囲攻撃」、あるいは「包囲戦」と呼びます。湾岸戦争（1990〜91年）の第1期の時、米軍は「左フック」と呼ばれる作戦でイラク軍を包囲攻撃①しました。その際、さらに迂回攻撃（turning movement）②も行っています。

当時イラク軍には後方連絡線としてバクダッドに至る経路がありました。しかし、後方連絡

●この本をどこでお知りになりましたか?(複数回答可)

1. 書店で実物を見て　　2. 知人にすすめられて
3. SNSで(Twitter:　　Instagram:　　その他　　)
4. テレビで観た(番組名:　　)
5. 新聞広告(　　新聞)　　6. その他(　　)

●購入された動機は何ですか?(複数回答可)

1. 著者にひかれた　　2. タイトルにひかれた
3. テーマに興味をもった　　4. 装丁・デザインにひかれた
5. その他(　　)

●この本で特に良かったページはありますか?

[　　]

●最近気になる人や話題はありますか?

[　　]

●この本についてのご意見・ご感想をお書きください。

[　　]

以上となります。ご協力ありがとうございました。

郵便はがき

お手数ですが
切手を
お貼りください

150-8482

東京都渋谷区恵比寿4-4-9
えびす大黒ビル
ワニブックス書籍編集部

お買い求めいただいた本のタイトル

本書をお買い上げいただきまして、誠にありがとうございます。
本アンケートにお答えいただけたら幸いです。
ご返信いただいた方の中から、
抽選で毎月5名様に図書カード(500円分)をプレゼントします。

<table>
<tr><td colspan="2">ご住所　〒

TEL(　　　-　　　-　　　)</td></tr>
<tr><td>お名前《ふりがな》</td><td>年齢
歳</td></tr>
<tr><td>ご職業</td><td>性別
男・女・無回答</td></tr>
<tr><td colspan="2">いただいたご感想を、新聞広告などに匿名で使用してもよろしいですか？　(はい・いいえ)</td></tr>
</table>

※ご記入いただいた「個人情報」は、許可なく他の目的で使用することはありません。
※いただいたご感想は、一部内容を改変させていただく可能性があります。

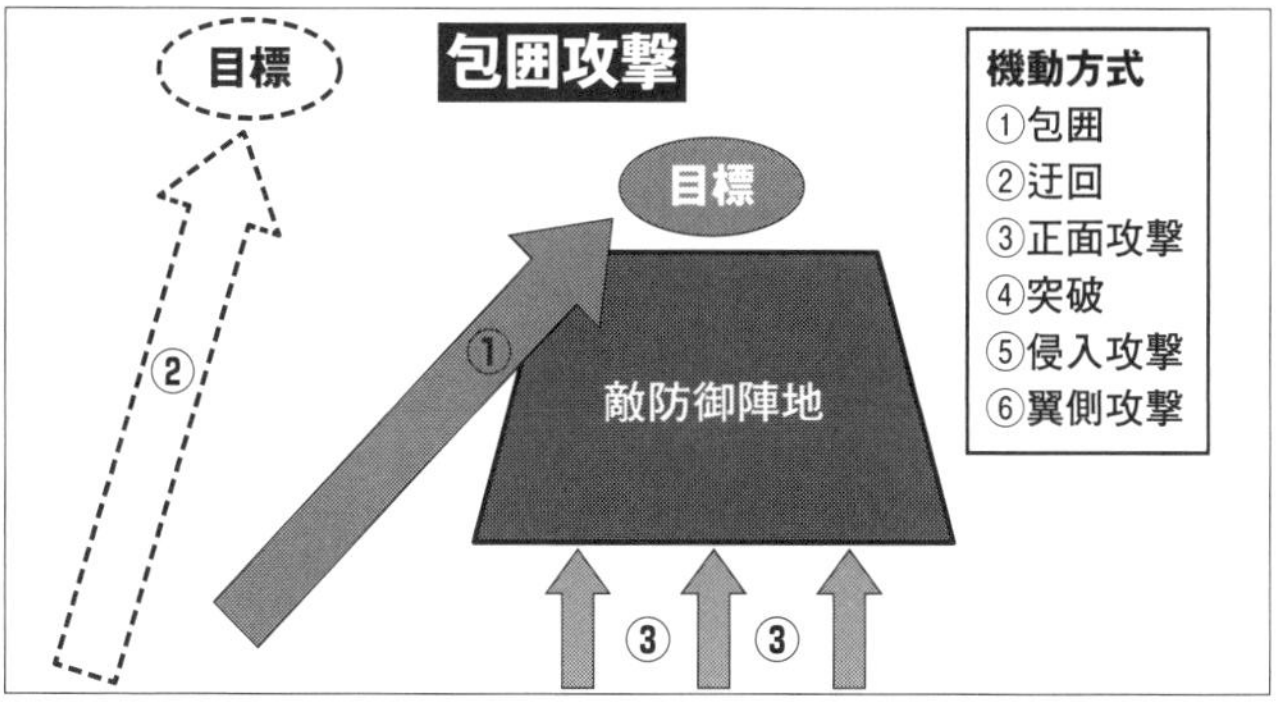

FM3-90-1 を参考に著者・小川清史作成

線上に存在する背後の重要目標を取られたため、彼らは現在の陣地にいられなくなり、現在の陣地を捨てて後方の別の陣地に行かざるをえないという状況になりました。そういう後方への陣地変換を敵に対して強要するような重要な目標を取るのが、包囲攻撃①をさらに延長した迂回攻撃②です。米軍の教範では、「迂回攻撃は包囲攻撃の一種である」とカテゴリー分けをしており、自衛隊とはちょっと違っています。他には、突破、正面攻撃、浸透攻撃といった、正面から攻撃する方式のものがあります。

包囲攻撃をするには、敵を動けない状態にしておき（たとえば③の攻撃で敵を拘束）、攻撃側は敵の後ろまで機動し、一気に目標まで到達しなければいけません。湾岸戦争の時には、4日間ないし5日間の戦闘で、包囲部隊②は一日平均60㎞を機動しています。敵を防御陣地地域に拘束する目的で正面攻撃③を行った海兵隊などは一日平均10㎞少々の機動

73イースティングの戦い（湾岸戦争）における第7軍団の「左フック」作戦で破壊されたイラク軍T-72戦車

距離です。そういう二種類の機動力がないと包囲攻撃①はできません。ちなみに、迂回攻撃②ではヘリコプターも使っているので、1日あたりの機動距離はもっと伸びています。

　包囲戦が成功するか否かは、敵が自ら弱点をつくってしまうか、または攻撃する側にそれだけの威力を持った機動力があるかどうかによります。

倉山：つまり、今はロシアもウクライナも、どちらも機動を持っていない状態ということですね？

小川（陸）：そうです。ということは、これは消耗戦だということです。消耗戦では何が頼りになるかといえば、火力です。火力に頼って相手を潰していくのが消耗戦の戦い方なので、火力の優劣・精度が非常に重要になってきます。先に名前の出たイギリスのM270は、アメリカのHIMARSやMLRS（Multiple Launch Rocket System：多連装ロケットシステム）と似ていて、射程がさらに10㎞ほど伸びる上に、GPS誘導による高い命中率も有します。その10㎞の射程延伸はやはり大きいメリット、アドバンテージになるだろうと思います。

ご質問への回答としましては、「ゲームチェンジャー」とまで言えるかどうかは疑問です。これによって攻撃の仕方が変わるのか、消耗戦から機動戦に移れるのか、と考えた時に、これで機動戦の戦い方を行いうるようになるのか、これだけでは機動戦は行えないと思います。今までとは違う戦いに移る、消耗戦から機動戦に大きく移るためには、もっと別の兵器が必要です。敵の後ろまで一気に機動するための兵器が不足しています。情報収集能力はあり、それと正確な打撃を行う火力としてはM270で機動を支援できるんですけれども、目標に向かって実際に機動できるものがなければいけません。だから、私からすると、これだけでは「ゲームチェンジャー」とは呼べないかな、という気がします。ただし、消耗戦にとっては非常に有益な火力であることは確かです。

倉山：戦場レベルではすごく役に立つ兵器だけれど、これで戦争全体が変わるとまで言うのは言いすぎだ、ということですね？

小川（陸）：はい。あとは、量にもよりますね。消耗戦によって勝利をもたらすことはあるでしょう。けれども、それはゲームチェンジャーではないですよね。より有利な戦いの役に立つ、ということだと思います。

百発百中の砲一門は百発一中の砲百門に勝る

倉山：陸・海・空と、総じてプーチンは攻めあぐねていて、かなりいろいろと苛立ったあげくに自分をピョートル大帝に譬えてしまう（笑）。かなりの苦しまぎれな様子も見られますが、伊藤先生はどうご覧になっていますか？

伊藤（海）：ついに偽物説（影武者説）まで出てきてね（笑）。

倉山：かといって、あくまでも攻めあぐねているだけであって、ロシア、プーチンを舐めてはいけないということでよろしいでしょうか。陸・海・空どのケースを見ても、あくまでもウクライナの〝善戦〟にすぎない、と。

伊藤（海）：ロシア側の兵力が少なすぎますよね。他国を攻めるには少なすぎます。

倉山：ウクライナを舐めすぎですか？

伊藤（海）：舐めすぎです。

小野田（空）：小川さんに一つ質問があります。ロシアもウクライナと同じようにMLRSを使っていますよね。射程は若干違うんだろうけれども、重要なのは精度であり、ロシアがML

東郷平八郎

RSで発射するロケットは、ほとんど無誘導です。つまり、もしウクライナの一門がロシアの十門に匹敵するのであれば、これはひょっとしたらゲームチェンジャーになりうるという評価もあるのではないかと思うんですね。その点はどうなのでしょうか。

小川（陸）：旧帝国海軍に「百発百中の砲一門は百発一中の砲百門に勝る」[※2]という言葉がありました。それは、地上戦の戦術的レベルでもある意味正しいかもしれません。

ウクライナ軍が155㎜榴弾砲M777を使い、ドネツ川の渡河作戦を行うロシアの戦車に対して、一発目からトップアタックで3m以内に着弾させたという話を第二章でしましたが、これはもうGPS誘導弾でなければ無理だろうと思います。ジャベリンで撃ってもトップアタックはできますから、GPS誘導弾と両方でやったのでしょう。ようするに、危険な前線に出なくても、ロシア軍の渡河を阻止できたわけです。

※2　日露戦争終結後の1905年12月21日、東郷平八郎元帥が連合艦隊の解散式で読み上げた訓示「聯合艦隊解散之辞」に「百發百中ノ一砲能ク百發一中ノ敵砲百門ニ對抗シ得ル」とある。

当初、ウクライナ軍はジャベリンを使って一生懸命ヒットアンドアウェイで戦っていました。その時であれば、ロシア軍の曳火《えいか》射撃（砲弾を空中で炸裂させる射撃法）の榴弾が正確にジャベリン射手の頭上に降っていれば、歩兵は丸裸に近い弱い状態ですから、砲弾の量によってはジャベリンの能力が発揮できなくなったかもしれません。ジャベリンは野外の露天掩体《えんたい》陣地等において使うものですから。それが、MLRSやM270などを使って後方からジャベリン射手を援護射撃ができる状況に変われば、前線の防御戦闘、つまりジャベリン射手などは非常に楽になります。その後方と前線との連携プレーで組織的な戦いができるということであれば、戦術レベルでのゲームチェンジにはなっている、と言うことができると思います。

一方、ロシア軍は航空機による支援ができていません。つまり、地上と後ろとの連携があまりとれておらず、全部、単独でやっている。普通、地上戦では、敵の歩兵・機甲戦車・砲兵の連携をどうやって分断――孤立化――各個撃破するか、ということが非常に重要になってきます。しかし、ロシア軍は最初からそれが分断されています。

伊藤（海）：最初から「ない」、というやつですね（笑）。

倉山：ロシアは、ものすごくおっかなびっくりな戦い方をしているように見えます。

小川（陸）：今は特にそうですね。ところが、そんな状態であってもドネツク、ルハンスクとクリミア半島、さらにハルキウなど目的以上に余分なところまで取って、確保できています。地上軍はプーチン大統領の政治命令に従って、ほぼその命令を達成するところまで取っているという、そのロシア地上軍の恐さが未だにあると私は思っています。下手だけれども、しっかり戦果を出している。今のウクライナ軍はまだ受身的に応戦するしかないという状況ですが、時間が経つにつれウクライナ軍が優勢になるとは思います。戦術的レベルではだいぶ有利なところも出てきています。とはいえ、まだまだ予断を許さないと思います。

日本の防衛費倍増方針にまつわる問題

倉山：我が国としては、ウクライナ紛争を他山の石としなければいけません。物理的に対岸の火事であるうちに備えておかなければならないと思います。現在は、与党の自民党が防衛費倍増に踏み込むと言い出し、日本維新の会、国民民主党などはそれに賛成。いつものように野党の立憲民主党、共産党その他の皆さんは反対、という二択になっております。伊藤先生はこの防衛費に関する議論をどうご覧になっていますか？

伊藤（海）：私の個人的意見を申し上げますと、2022年4月に自民党が申し入れた提言は、専守防衛の定義及び非核三原則について触れている点で、今までの自民党よりは踏み込んでいると思います。

「右」の元気のいい人たちは「専守防衛なんてものはなくせ！」とワーワー言いますけれども、考えてみればロシア、中国、北朝鮮以外は皆、専守防衛なんですよ（笑）。専守防衛とは何か。「敵が軍事力を使って、初めてこちらも防衛力を使う」ということです。軍事力を先に使えばロシアになる、プーチンになってしまうということです。ですから、専守防衛はある意味、民主主義国家にとっては当然のことであり、わざわざ言わなくていい言葉なんですね。

問題は、専守防衛に関する日本の定義です。やられたから防衛力を使うんだけれども、そこには条件がついていて、反撃の範囲と距離感、そして兵力のどちらもが「必要最小限度」となっている。これまで日本は「自衛隊って何？ 自衛力って何？」という問いに対して、ずっと「戦力でもなく警察力でもない、必要最小限度の実力」と定義をしてきました。だから、それに呼応して、「専守防衛は必要最小限度の実力で」となっているわけです。でもこの考えはそろそろやめた方がいいと思いますよ。普通は、全力で抵抗しないと国民を守ることはできないわけですからね。「必要最小限度」じゃなくて「全力」じゃなきゃいけない。

今回の自民党の提言は、初めてここを触ったんです。「必要最小限度の自衛力の具体的な限度は、その時々の国際情勢や科学技術等の諸条件を考慮し、決せられるものである」と一歩踏み込んだんですね。ただ確かに一歩踏み込んではいるんですけど、それよりも「専守防衛なんて世界的に当たり前なんだから、わざわざ言うべきものでもない」というのがまず個人的に思うことの一つです。

それから、非核三原則についてですが、なぜみんなプーチンに遠慮しているのかというと、あんまり追い込んでしまうと本当に戦術核を使いそうだからですよね。負けそうになると、おそらく広島型原爆の半分や4分の1の規模の戦術核を使う。たとえばロシア軍をロシア領まで追い出せば、「最後っ屁」でウクライナに核を使う可能性がある。だから、みんなロシアをどこまで押し返すかを検討しています。

ゼレンスキー大統領自身、以前は「2014年より前の状態にまで戻す」と言っていたのが、6月7日報道の英紙フィナンシャル・タイムズのインタビューでは「2月24日の侵攻前の状態に戻す」という表現に変わりました。「侵攻前の状態」とはつまり、クリミア半島はロシアに取られたまま、ドンバス地域も一定のところはロシアに取られたまま、ということです。トーンダウンの理由は、それらの地域からもロシアを追い出すと、プーチンに戦術核を使われるのではないか、と不安視していると見ることができます。

やはり「核付きの独裁者」は危ない。だから、日本は本当に非核三原則でいいのか、せめて「持ち込ませず」は変えた方がいいだろう、ということはみんな思っています。自民党の提言は初めてそこにも触れたわけです。その一部を、民主党政権当時の2010年の岡田外務大臣の発言から引いている、というのは以前にお話しした通りです。ここにきて民主党にすり寄るというのもので、自民党もなかなかやりますね（笑）。参議院選を7月に控えているから、これがギリギリのラインなのでしょう。

倉山：賛成か反対かの二択で防衛費倍増が政治争点化しつつあり、「5年で倍増する」という話もありますが、実はこれ、正式な決定でもなんでもない。財務省はもうそんな話は最初からないことにしています。とはいえ、岸田総理が公約っぽいことを言ってしまったので「約束した」とアメリカの方は受け取りかねない。佐藤栄作が似たようなことを昔やりましたよね。当時のニクソン米大統領を相手に、「核武装も含めて自主防衛をやる」みたいなことを言ったけれど、結局、国内を全然まとめきれなくて……。それどころか、リベラル（当時は「革新」と呼ばれた）に媚びて、非核三原則で応えた。結果、嘘つき呼ばわりされたという。その二の舞になることも危惧《きぐ》されます。

そもそも4月の提言は、政府与党・自民党の提言であって、政府の公約でもなんでもない。

仮に党の方針が政府の方針になったとしても、現実の安全保障情勢を踏まえた時、「防衛費を5年で倍増」って、間に合いますか？

伊藤（海）：ドイツが2月に防衛費をGDP2％に引き上げると表明しました。GDPの倍増でドイツの防衛費は6兆円ぐらいになります。今の日本の防衛費は約6兆円ですよ。だから、私は正直、GDP何％などという話には昔からあまり意味を感じていないんですね。各国の防衛費からつくられる戦闘力で議論されるべきもので、国力がどうだからという比較は、おそらく制服組からすれば正直、「うん？」という感じなんです。

日本は海で守られているので、最初に睨み合うのは、艦艇と飛行機です。中国との比較になりますが、令和4年版の防衛白書のデータによると、潜水艦は中国が57隻で日本が22隻です。水上艦艇は中国が77隻で日本は47隻です。ということは、日本は中国の38％の潜水艦を持ち、61％の水上艦艇を持っている、ということになります。

かつて1922年に締結されたワシントン海軍軍縮条約では、持てる主力艦が米・英は50万トン、日本は30万トン、フランスとイタリアは10万トン強と決定されて、5・5・3の時代と呼ばれました。その率から言うと、日本は今、「3」よりもあるわけです。これでアメリカの第7艦隊と一緒になれば、すでに海上部隊はそれなりにパリティ（同等）なんですね。そして、

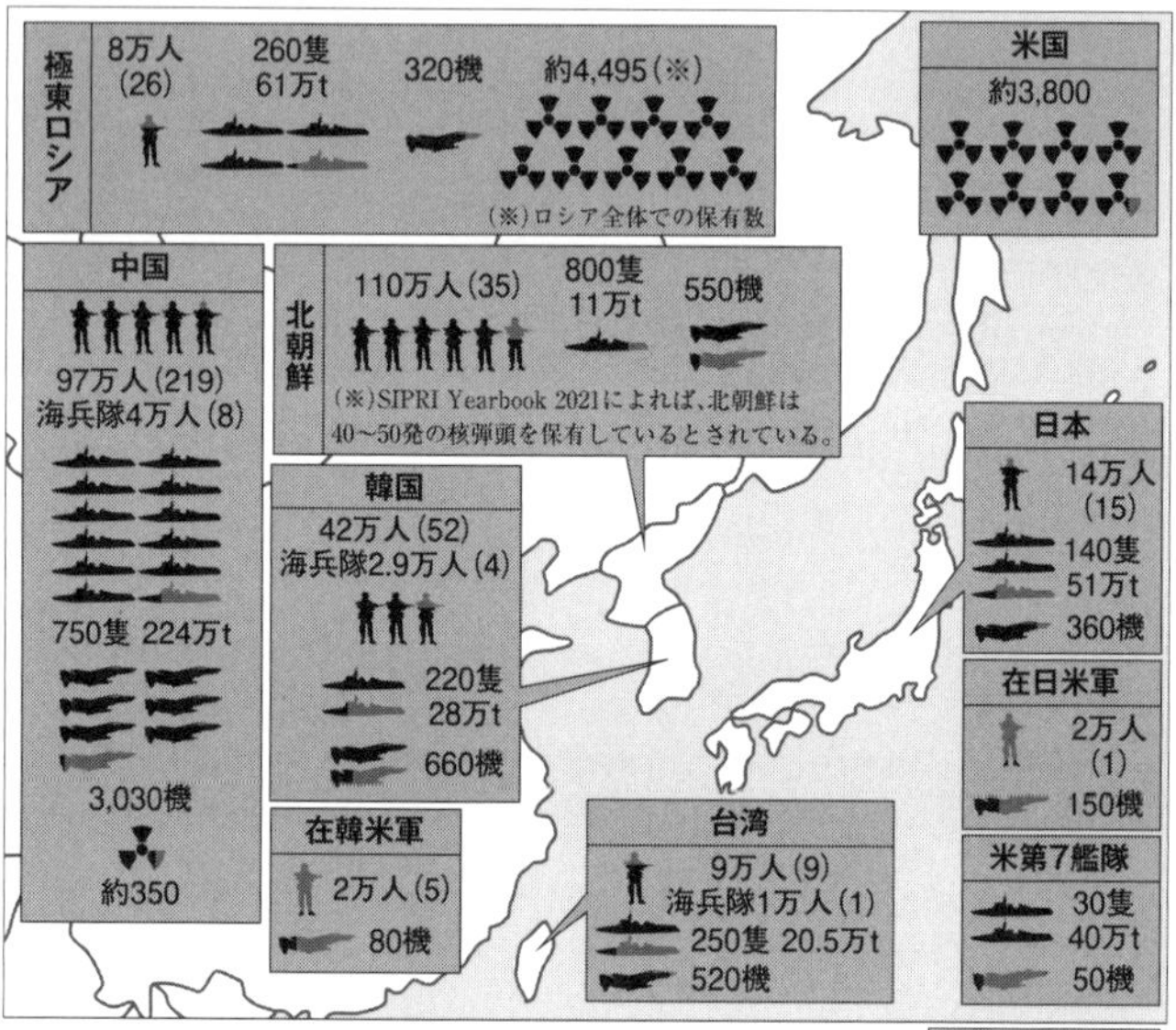

(注) 1.資料は、米国防省公表資料「ミリタリー・バランス(2022)」、「SIPRI Yearbook2021」などによる。
2.日本については令和3年度末における各自衛隊の実勢力を示し、作戦機数は空自の作戦機(輸送機を除く)及び海自の作戦機(固定翼のみ)の合計である。
3.在日・在韓駐留米軍の陸上兵力は、陸軍及び海兵隊の総数を示す
4.作戦機については、海軍及び海兵隊機を含む。
5.( )内は、師団、旅団などの基幹部隊の数の合計。北朝鮮については師団のみ。台湾は憲兵を含む。
6.米第7艦隊については、日本及びグアムに前方展開している兵力を示す。
7.在日米軍及び米第7艦隊の作戦機数については戦闘機のみ。

令和４年版『防衛白書』をもとに作成

自衛隊はさらにＦＦＭという新型の多機能護衛艦を増やそうとしています。ただ、中国側も数を増やしますからね。このせめぎ合いをどうするかという議論はあります。一方で潜水艦に関しては、対潜戦能力で考慮すべきものであり、その意味では中国よりも日本の方が優れていますから、特にアメリカの原潜と対潜哨戒機が加われば圧倒的に日米側の方が有利ですね。

　問題は戦闘機なんです。戦闘機は中国が１２７０機で、

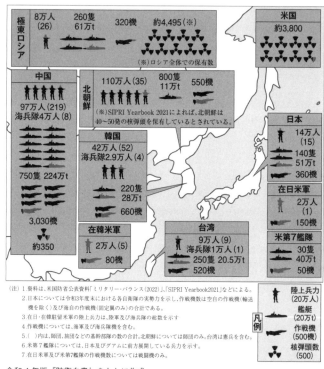

すべて第4、第5世代の戦闘機です。それに対して日本の航空自衛隊は319機ですから、中国の25%です。これは圧倒的な差です。中国はさらに増やすでしょうから、ここは至急に、本当に増やさないといけない。しかし、「せめて倍増して700機体制にしろ!」などと言って、今から400機をまとめ買いするなどということも、これまたできないんですよ。

小野田（空）：航空自衛隊の主力戦闘機になるのはF－35で、現在144機まで取得する計画です。これを急に「アメリカさん、200機にしてくれませんか」と言ったら、「うん、わかったよ。でも、時間かかるよ。それでもいい?」という話に必ずなります。航空機の取得にはどうしても時間がかかります。

自主開発の戦闘機のプロジェクトもスタートしていますが、これはまだ設計もできていない状況なので、2030年代の後半ぐらいにならないと配備されません。だから、先ほど倉山さんがおっしゃった「5年で防衛費を倍増しても間に合いますか?」という問いの答えとしては「間に合わないかもしれない」ということです。

では、間に合わせるためにはどうすればいいのか。確かに戦闘機は非常に重要なポイントですが、戦闘機以外の、たとえば非対称なもので何か代わりができないか。そういった工夫を考えていかなければいけないと思います。その意味で、ウクライナ戦争は、ある種の示唆《しさ》を与えてくれていると私は考えています。

倉山：完全に素人考えですが、私は、「ウクライナの話は結局他人事なので、日本も欧米もそのうち忘れてしまうんじゃないか」という危惧があります。日本人は特に忘れっぽいので、今この瞬間に決めておかないといけない。完全に政治論として、今のうちに防衛費を取れるだけ取っておかねば、と考えるんですね。たとえば、訓練費などはもう好きなだけつけてあげればいいのではないか、などと私は思ってしまうんですけれども、どうなんでしょうか。

伊藤（海）：Logistics Support（後方支援）や、そういった準備も含めたものにどんどん予算をつけるべきでしょう。あとは、研究開発費ですね。今、2600億円しかついていなくて、桁《けた》が違うわけです。そこをもっと増やさないと。せっかく日本には、量子力学や量子暗号、AIなどの第一人者が大勢いらっしゃるのに、ミリタリーとまったく関われない。防衛費というだけで拒否反応がおきますから、それこそ内閣が使う安全保障費用という形にして使ってもらえばいい話です。

アメリカでは、開発がなかなか製品化に至らない状態のことをvalley of death（デスバレー）、「死の谷」と言います。ほとんどの開発は死屍累々《ししるいるい》として商品にならないんですね。けれども、そこにSecurity Bridgeと呼ばれる「安保橋」がかかるんです。これは国防費です。「失敗してもいいからお金を使っていいよ」と言って、ドーンと予算がつく。だから、製品開発に繋がる基礎研究ができて、それが回り回ってモデルナのワクチンになったりアップルのiPhoneになったりするわけです。だから、日本も防衛費を倍増して何兆円かが増えるなら、そういった研究開発に投資するのはアリだと思います。

モノ買いにしても、たとえば日本が今まであまり使ってこなかったミリタリーの無人機などを買えばいいんです。実際にモノはあるんだから、それを買えばいい。

それから、よく言われるように、自衛隊は、弾がない。「たまに撃つ弾がないのが玉に瑕《きず》」なんて川柳も自衛隊の中ではよく言われていますよね。そもそも弾薬庫がありません。弾だけ買っても、火薬ですから置き場所がないと困るので、箱物もつくらなければならない。そういったものにも予算をつけるべきでしょう。

他には、Cannibalism Maintenance（共食い整備）と言われるんですが、今、飛行機のメンテナンスは、個体をばらして、やりくりした部品をあてがうという形で行われています。新しい部品がないんですね。現場感覚的にいえば、こういったLogistics Supportのところにどんどんお金を使ってもらえればいいと思います。現実に足りないですからね。また自衛官が集まらないというのであれば、もっと隊員の給料を上げるとか、自衛隊の魅力づくりにどんどん使えばいいでしょう。

あとはサイバー戦です。サイバー戦は、それこそ自衛官がやっていては駄目なんですよ。ホワイトハッカー（サイバー攻撃を撃退する側のハッカー）を大量に雇わなければいけません。世界的な相場としては一人給料2 0 0万円ほどで、事務次官の給料より高い人を5千人ぐらい雇わなければいけません。かなりの高額になるけれど、そんなものも増額する防衛費の中でやりくりすればいい。

実は防衛費の使い道はいくらでもあるのですが、日本は予算要求時にシーリング（要求基準額）という上限額があって、たとえば中期防で5年間の予算は26兆円と決まると、単年度はその五分の一の金額以下でつくらなければならないという縛りになってしまうのです。制服サイドは要求額を積み上げるんですけど、まず内局でカットされてしまう。だから、シーリングを外して本当に必要なものを積み上げていけば、けっこうな規模になるだろうと思います。

倉山：「5年でGDP2%」という〝上限〟を設ける議論はやめよう、というのが大前提ですね。たとえばドローンの新兵器などを試行錯誤で使っている場合、無駄が出るのは当たり前だと思います。試行錯誤で無駄が出るのと、悪さをしたりズルしたりというのとではまったく意味が違います。「試行錯誤の結果として出た無駄は無駄とは言えない」という予算の査定の仕方も考えられるのではないでしょうか。それがあれば、上限を取り払う議論ができるのではないかなと思うんですね。

伊藤（海）：おっしゃる通りです。内局の防衛官僚も財務省との関係の中で、上限ありき、で仕方なくカットしてきた。「遅いよ」って言いたいけれども、「いま思えばあれは間違いだった」ということを雑誌などで語り始めている元内局の防衛官僚の人もいます。こういう意見がしっかりと前に出るためにも、上限が取り払われるというのは大事だと思います。

倉山：政治家の、特に熱心な方々でも、「正面装備（戦車、戦闘機、護衛艦など戦闘に直接使用される兵器と装備）にどれだけ予算をつけるのか」といった議論ばかりが多かったと思います。各先生のお話は大変参考になったのではないでしょうか。

自衛隊統合司令部の新設について

倉山：2022年6月6日の報道に、防衛省が陸・海・空の自衛隊の部隊運用を一元的に指揮する統合司令官と、これを支える統合司令部を創設する方針を固めたという話題がありました。統合司令官は、部隊運用に専念するポストということですね。

伊藤（海）：これは、私が統合幕僚学校長をやっていた時からずっと提案していた案件です。欧米、イギリス、オーストラリアなどは常設の統合司令部があるからこそ、統合幕僚長は、政治の補佐に徹することができるのです。

政治レベルの議論になぜこういった実務的な内容が盛り込まれたかというと、先の自民党の提言に、折木良一元統合幕僚長たちの意見が入ったからです。今回の自民党の提言は、自衛隊の元統幕長や各幕僚長など元制服組の意見を9日間ほど聴取した上でつくられており、そのおかげで、ある意味超マニアックな話が入ったということですね。

統合幕僚長というのはチーフ・オブ・スタッフです。防衛大臣や総理大臣のスタッフの長であって、自衛隊の部隊を直接指揮する司令官ではないのです。我々は、地方総監などといった自衛隊の部隊を直接指揮する指揮官をさせてもらいました。これは防衛大臣直轄の部隊指揮官という位置づけになります。一方、統合幕僚長や各幕僚長はあくまでも総理や防衛大臣の「スタッフの長」という位置づけになり、自分で部隊指揮官に対して「〇〇を行え」と直接命令できません。一大事があると総理官邸に行き、そこにずっといて大臣を輔弼《ほひつ》する。現場は見ないんです。現場に「〇〇せよ」というよりも、総理や防衛大臣に現状や今後の作戦について説明する立場なんですね。

ならば誰が陸・海・空の部隊を指揮するのかというと、本当は常設の統合司令部というのがあって、そこの司令官が指揮しなければいけない。アメリカも欧州諸国もみんなこの体制です。けれども日本には統幕長しかいない。統幕長は股裂き状態のようになるわけですね。ならば、統合司令官を置けばいいという話だけれども、これがまたポスト争いとの関係でいろいろあって大変なんです（笑）。「場所はどこに置くの？」「市ヶ谷に置くんじゃないの？」「市ヶ谷は統幕長でしょう？」などといった具合に、幕僚長か、司令官か、という大騒ぎがあった。私は2014年から提言していたけれども、みんな「そうは言ってもね……」ということで全然動かなかった。

小野田（空）：機構論としてよくわかるし、私もまったく賛成です。けれども、司令官一人いればいいという問題ではなくて、そこには当然スタッフが必要なわけです。統幕長のところには統合幕僚監部というスタッフがいて統幕長を支えているわけだけれども、一方で統合司令官というポストがもしできたとしたら、その下にもやっぱりスタッフが必要なわけです。

このスタッフの問題をどうクリアするのか、というのが実は非常に重要です。統合幕僚監部のスタッフが統合司令部のスタッフにもなる、ダブルハット（兼任）という議論もある。まったく別のスタッフが必要だとなれば、Manning（人員配置）は大丈夫なのかという問題が生じる。スタッフには非常に優秀な人材が必要です。統合幕僚監部に優秀な人を置くとすると、統合司令部にはそこまで優秀じゃない人たちを配置することになるのか、といったことですね（笑）。また、自衛隊の場合には陸・海・空とも方面の部隊があって、そこにもスタッフがいるわけです。これをどう整理していくのかというのも大きな問題です。

統合司令部の問題は、自衛隊全体の再編を視野に入れないと無理な話だと思います。たとえば、陸上自衛隊は北から南まで5個方面、航空自衛隊が4個方面、これらをある程度集約していきながら、全体的に戦える態勢というものを考えていかなければいけない。これは簡単なことではありません。

ただし、常日頃から有事を考えて準備しておく人たちというのは絶対に必要です。それを今は、統合幕僚監部の人たちあるいは航空幕僚監部、陸上幕僚監部の人たちがダブルハットでやっています。しかし、それだとやはり力が分散してしまう。もちろん役割分担はしていますが、予算要求をする人と戦争の準備をする人がほぼ重なっていて、予算要求の一番忙しい概算要求の時期は訓練演習ができないわけです。あるいは、訓練演習に集中するためには予算要求の準備なんかしていられない。だから予算要求が夏であれば、訓練演習は秋になるわけです。そして、秋が過ぎると、正月に予算が決まり、次の予算要求の準備をする、という形になっていきます。

きちんと統合司令部ができて役割分担ができれば、統合司令部の人たちは通年、有事に対する準備を模索し、あるいは訓練演習を行うことができるようになる可能性があります。そういう形をイメージして組織全体を見直していかなければいけないことになると思いますね。

倉山：絶対に必要なものであることは間違いない、ということですね。小川先生はいかがでしょうか？

小川（陸）： 3つほど申し上げたいと思います。1つ目は機構改革の関係で、人間を捻り出さないとそういったものはつくれない、ということです。

今の予算要求は、単年度ごとの要求であり、かつすべての取引を記録していく単式帳簿型の大福帳方式であって、資本主義型の複式簿記方式ではありません。本来なら複式簿記方式で、たとえば戦車一個あればそれにかかる費用、隊舎があればその隊舎にかかる修繕費、資産はどれぐらい目減りしていくか、いつ頃損耗更新のためのお金が必要か、ということが自動的に計算されていないと駄目なわけです。

ところが、実際にどういう予算要求をしているかといえば、その隊舎を管理するために担当者を置き、誘導弾を要求するために同じく担当者を置き、教育用の訓練弾薬を要求する担当者と本来の備蓄用弾薬を要求する担当者を置く。そういう具合に大量に人間である担当者を使って、予算要求の資料をつくらせ続けているわけです。複式簿記方式でやれば、それらは自動的に計算されるのに。

しかも、予算要求というのは、本来は行政分野の仕事ですから、制服自衛官が一生懸命になって、矢面《やおもて》に立ってやるべき業務ではありません。にもかかわらず、そこに一生懸命携わらなければいけない国家予算の仕組みは、やはりもうちょっと見直さなければいけないと思います。

昭和30年代から、陸上自衛隊に「郷土防衛隊」をつくろうという構想がありました。アメリカでいう州兵みたいなものですが、なかなかうまくいかなかった。その代わりに、駐屯地に維持管理をする人を技官として雇い、それまで維持管理に従事していた自衛官を前線に送り込もうという構想ができ、実現してきました。ところが、有事の際にも維持管理に従事してもらうはずだったその技官たちが定員削減の煽りを受けてだんだん減らせれてきて、もう一度自衛官を駐屯地の維持管理に戻すという現象が起きました。募集についても、本来なら法定受託事務で市長・村長が行う業務ですが、自衛隊の地方協力本部で自衛官を多人数を使って募集業務を行わせるなどによって、そちらにも人員を割《さ》かれるようになりました。その煽りを受けて、第一線部隊の自衛官が定員よりもさらに目減りするという状況が起きてしまったのです。

有事の際の国民保護をうまく実行したくても、都道府県知事は何も手段を持っていませんから、いざという時には自衛隊に頼むことになります。では、そういったところにどうやって人間を出すのか。私はもう一度、州兵のような郷土防衛隊を組織して、知事が使える戦力をつくっていくということが必要になると思っています。そうすれば、国民保護は郷土防衛隊が行い、自衛隊は対敵行動を行う前線に人員を送ることができます。使うところできちんと人間を使うような機構改革がなされてほしいと思います。

2つ目に申し上げたいことは、統幕長はやはり政治ニーズを受けてそれを下に伝える人である、ということです。

2016年の熊本地震の時に、私はJTF（Joint Task Force）、統合任務部隊指揮官に任命されて活動していました。直接大臣にぶら下がってはいるんですけれども、大臣の意向や官邸の意向、つまり「政治的にはどうなんだ？」という政治ニーズを聞く相手はやはり統幕長なわけです。政治命令を軍事命令に移し替える人から聞くわけですが、その統幕長は官邸等への報告・説明のために不在が多く、統幕長の指示を適宜に受けることができにくい状況でした。災害派遣活動に係る任務が同時に複数ある場合などどちらを優先するのか、やはり適宜に指示を受けて行動しなければならない。しかし、なかなかそうはならない。災害派遣でもこれですから、有事になったら何が起こるか……ということなんです。

有事においては、地方自治体も国民も平常時とは違って皆てんやわんやの状態になることは必至です。大事な政治命令が軍事命令に変換されてタイミングよく各指揮官に伝わっていくのか。そもそもそれ自体が難しい状況になることが予想されます。

行政と部隊というのはものの考え方や指示の仕方など非常に異なっています。政治と行政も大きく異なっています。大きく異なっているほど、指示命令のための「変換装置」がしっかりと機能していないと大混乱が生じます。パソコン相互にはコネクタ装置が必要であるように、組織にもしっかりとしたコネクタ装置、すなわち変換装置が必要です。

3つ目は、「統合運用のために統合司令部の設置を進めなければいけない」というニーズはどこからくるのか、ということです。

今の戦争は、マルチドメイン（領域横断）作戦やハイブリッド（複数の方式の組み合わせ）戦など、サイバー戦や電磁派、宇宙といったいろいろなものを組み合わせなければいけない。いろいろなものが実際に使われていて、それらが戦力として組み合わせの効果を発揮しているのが現状です。インターネットを通じていろいろなデマや情報が飛び交って、国民の世論も動揺することがあるかもしれません。

それが軍事作戦にどれぐらいの影響を与えるのか。すべてを組み合わせて判断していくには、複雑にシステム化された今日の軍隊の戦い方を最適化していく「装置」が、今後は絶対に必要です。つまり、統合運用の体制を中央でしっかりつくり全体最適機能を発揮して戦わなければいけない、ということです。すでに始まっている戦いに向けてしっかりと機構をつくっていくことが必要だと思います。

第五章

インテリジェンス、兵器備蓄、ランチェスターの第二法則

本章は「チャンネルくらら」2022年7月17日に配信された動画「陸・海・空 軍人から見たロシアのウクライナ侵攻」第9回にもとづき編集作成したものです。

ウクライナ侵攻の主な出来事〔2022年6月後半から7月〕

6月22日 イギリス国防省は、ロシア軍の支援を受けているドネツク州の親露派武装集団の死傷者数が、兵士数全体の約55%に上っているとの試算を明確化。

6月23日 EUは、ブリュッセルで開いた首脳会議で、EU加盟を申請したウクライナとモルドバを「加盟候補国」として認定。

6月24日 セベロドネツクからウクライナ軍が撤退したことを、ルハンスク州のハイダイ知事が発表

6月25日 ロシア軍がセベロドネツク全市を制圧、ルハンスク州最後の拠点都市リシチャンスク市内に侵攻していると報道。

6月27日 ウクライナ中部ポルタワ州の都市クレメンチュクのショッピングモールに対してロシア軍のミサイル攻撃があり、死者が18人、負傷者が59人に上っていると明らかにした。

6月29日 NATOがマドリードで開催された首脳会議でスウェーデンとフィンランドの加盟議定書に署名することに合意。

6月30日 ウクライナ軍は、ロシア軍が占拠していた黒海西部のズミイヌイ（スネーク）島を奪還したと発表。ロシア軍国防省も同日、部隊の撤収を追認。

7月1日 ロシア軍のミサイルが、ウクライナのオデーサ州セルヒイフカの住居ビルに1発、リゾート施設に2発命中し、少なくとも21人が死亡。

7月3日 ルハンスク州のハイダイ知事はウクライナ軍が同州内で最後の防衛拠点としていたリシチ

ャンスクについて「ロシアが確保した」と発表。

7月11日　プーチン大統領がすべてのウクライナ国民を対象に、ロシア国籍の取得手続きを簡素化する大統領令に署名。ウクライナ軍は南部における反転攻勢を開始。

7月13日　北朝鮮がウクライナ東部の親露派勢力が統治する「ドネツク人民共和国」と「ルハンスク人民共和国」を独立国家として承認。ウクライナ外務省が北朝鮮との断交を発表。

7月15日　ウクライナ国防省の報道官は、ロシア軍によるウクライナへの攻撃のおよそ7割は民間施設などを標的にしていて、軍事施設などの目標に向けられたのは3割にとどまるという見方をウクライナメディアに公開。

7月16日　アメリカのシンクタンク「戦争研究所」は、「ドンバスでロシア軍の砲撃がここ最近、大幅に減っている」と指摘。ウクライナ軍が進めるハイマースでの兵站施設破壊戦術がロシア軍の戦闘力を低下させている一因だと分析。

7月17日　セルビアのステファノビッチ国防相は、ウクライナの航空会社が運航するアントノフ12型輸送機が7月16日夜にギリシャ北部で墜落し、搭乗していた8人全員が死亡したと発表。

7月20日　CIAのバーンズ長官は、ウクライナに侵攻したロシア軍の損害について「約1万5000人が死亡し、その3倍の数の負傷者が出ている」との推定を発言。

7月21日　イギリスの対外情報機関、MI6のムーア長官は、ロシア軍について「失速し、力を失う寸前にある」とする見解を発表。

※防衛省HP「ウクライナ関連」や各種報道、ウィキペディアなどを参考に作成

取った後のロジスティクス

江崎道朗（以下、江崎）：2022年6月30日、ウクライナ軍が黒海の要衝のスネーク（ズミイヌイ）島をロシア軍から奪還したという報道ありました。最大の貢献は、アメリカが提供したハイマース（HIMARS）やデンマークが提供したハープーン（HARPOON）などの対艦ミサイルにあったとも言われています。この件に関して、どうご覧になりましたか？

小野田（空）：ハープーンの脅威は、ロシア軍にとってやはり非常に大きなインパクトになりました。特に補給用の小型船舶に正確に命中して何隻か撃破されましたからね。撤退については「ウクライナの農作物輸出を助けようという善意からだ」といったようなちょっと苦しい言い訳をしていましたけれども、アメリカの国防省などは、もはや維持不可能だと見てロシアは撤退したんだろうと分析していました。

スネーク島は確かに黒海海上交通路の要衝です。では、そこからロシア軍がいなくなったことでウクライナは通商路を確保できるのかというと、ロシアの艦艇及び潜水艦は健在で、ロシアの海上優勢は続きますから、封鎖が解けることはないでしょう。

ウクライナ軍がスネーク島にハープーンを前進させれば、攻撃可能なレンジは少し長くなると思います。しかし、黒海をカバーするには全然足りません。つまり、スネーク島を奪還したところで通商路が確保できたという理解にはならないだろう、ということです。

伊藤（海）：基本的にまったく同意見です。島というのは、取ってもいいけれども、取った後が大変です。補給がないとすぐに干上がってしまいますからね。兵隊をそこに残すためには、当然ですが彼らに生きていてもらわなければいけないので、ロシアは一生懸命に船で物資を補給していた。そこをスポンスポンと対艦ミサイルで撃たれるわけですから「意味がない、もうヤメだ」と撤収したわけです。

スネーク（ウクライナ語ズミイヌイ）島 ©AP/アフロ

江崎：ロシアとしては、ウクライナ側の攻撃というよりも、ロシア軍の補給が続かないからスネーク島から撤退したという側面が強いということでしょうか？

伊藤（海）：多くの人は、ついつい正面の戦闘の議論ばかりするけれども、我々から見ると、「勝って取っても、その後のロジスティクス（兵站）をどうするの？」と思うわけです。繰り返しますが、維持するというのはめちゃくちゃ大変なんですよ。スネーク島については、「取ったはいいけれど、ロシアはこの後どうするんだろう?」と私は思っていました。

江崎：では、スネーク島から撤退したことに対してロシア側が「これは別にたいした問題ではない」と主張しているのも、それなりに言い分はあるということですね。

伊藤（海）：はい。撤退は当然でしょう。ロシアも「どうしてこんなものを取ったんだろう……」という感じだったと思いますよ（笑）。

小野田（空）：逆に、何らかの方法で維持できていれば、というところだったでしょうね。ウクライナにとってスネーク島はオデーサを扼《やく》する位置にあることから、その意味は非常に大きい。ただ、映像や写真からわかると思いますけれども、スネーク島というのは真っ平らでまったく隠れるところがありません。山が少しでもあれば穴を掘って守るといった方法がとれますが、真っ平らでは、攻撃を受けたらまず避けるところがない。そういう意味でも、維持は非常に困難な島だと思います。

伊藤（海）：撃ち放題ですからね（笑）。スネーク島はシンボリックな島ですからウクライナを屈服させるという意味でロシアも取ったのでしょう。

ショッピングセンター攻撃の背景

江崎：6月27日にロシア軍が行った、ウクライナ中部にあるポルタワ州クレメンチュクのショッピングセンターに対する攻撃は大きな話題になりました。18人が死亡したこのロシアの民間人攻撃については、翌日には国連安保理で緊急会合が開かれています。攻撃には対艦ミサイルが使われたという話もありました。

伊藤（海）：国連安保理の緊急会合は、ある意味ではまさにゼレンスキーが主導して開いた会合でした。ポルタワ州はキーウのすぐ横の州です。今までドンバス地域でずっとやってきていたのがいきなりここに飛び火した。それも民間の施設に、ですね。これにはやはりゼレンスキー大統領もかなりの危機感を覚えたんじゃないでしょうか。それで、ゼレンスキー大統領が国連にお願いして、国連も行動した。

江崎：東部方面に兵力集中していたのに、いきなり再びキーウ方面に攻撃を仕掛けたロシア側の意図は何でしょうか？

伊藤（海）：いろいろ手を出していますよね。キーウにもときどき撃つし、港も撃つ。東部方面が中心なのだけれども、それ以外のところにも波及して撃っていました。

江崎：ウクライナ軍が東部方面に集中できないように撹乱しているという話でしょうか？

小野田（空）：これはアメリカの作戦でいうと後方補給拠点などを叩くInterdiction（阻止作戦）ということになるでしょう。

在英のロシア大使館は「6月27日、ロシア航空宇宙軍はクレメンチュク道路機械工場にある米国及び欧州諸国が納入した武器弾薬の格納庫に対して高精度な空爆を行った」と発表しました。そして、「この攻撃によってドンバスのウクライナ軍に運搬されようとしていた西側諸国製の武器弾薬が無力化された」とした上で、「西側諸国製の軍需品が大爆発を起こしたために格納庫に隣接していたショッピングセンターで火災が発生した」と言っています。これがロシアのナラティブ（narrative：話術）です。ロシアは「西側がウクライナに運び込んだ兵器を破壊しようとしていたんだ」と主張している。まさに阻止作戦なのだということです。現在、散発的にウクライナ西部地域に巡航ミサイルが飛んでくるというのは、基本的に、輸送路か保管場所を狙っている、ということなんですね。

ただ、一方で、アメリカの国防省が7月1日に「ロシアはほとんど成果をあげていない」と発表していました。本当か嘘かはわかりません。実際のところは損害が出ているかもしれないけれど、アメリカもイギリスも「撃破されていない」と言っている。このあたりは情報戦の様相も呈しています。

伊藤（海）：ロシアがそう言っているだけであって、クレメンチュクに本当に西側のルートがあって物資が集結していたかというと、それはないと私は思います。ロシアはそこまでウクライナ領内に入れていません。どうやってそんな情報を収集しているのか、という話です。ロシアは必死なんだろうなと思いますね。どちらかというと脅しというか、いろんな場所を攻撃して「これ以上抵抗しても無駄だぞ！」とゼレンスキー大統領に訴えている。それに対し、ゼレンスキー大統領がブチギレる、という流れにしか私には見えませんでした。

小川（陸）：ソ連時代から続く陸軍戦闘のドクトリン（原則）からすると、全縦深同時打撃（敵の防衛線だけでなく後方の予備兵力や補給部隊も攻撃すること）を常に考えるはずです。正確性にはかなり欠けるにしても、常に後方に対して打撃をする。そうした攻撃をそれぞれの任務を持った部隊がそれぞれにやっているにすぎないのかもしれません。

江崎：ショッピングセンターへの攻撃というのも、ロシア側のストーリーと、アメリカ・ウクライナの言い分が違っていて、どちらも自国に都合のいい情報を拡散しているように見えます。やはり戦争というのは、情報戦なんですね。だとすると、「真の事実はこうなんだ」ということをきちんと公開・拡散した方が国際世論を味方につけることになるわけですよね。

伊藤（海）：そうですね。まさにウクライナはそれを懸命にやっています。

小野田（空）：ウクライナは地図を出して、施設の周辺状況を解説しています。一方、ロシアも地図を出して「我々が狙ったのはここだと、ここに武器の保管庫があったんだ」と主張していました。

伊藤（海）：でも、撃ったミサイルは対艦ミサイルだった。「どうして対艦ミサイルで地上の武器庫を撃つんだ？」という話になるでしょう。

江崎：言われてみれば、そうですよね（笑）。

伊藤（海）：どう考えても論理矛盾なんですよ。明らかに「なんでもいいから撃っておけ」という行動にしか見えない。

江崎：とにかく牽制みたいな意味合いの方が強くて、実際に武器庫内にあるはずの大量の兵器を狙ったとはとても思えない、ということですね。

伊藤（海）：思えませんね。対艦ミサイルは、発射後に、弾頭部にあるレーダーの目が開き、捜索を開始し、探知した一番大きな目標に向かって飛んでいくミサイルです。地上だったらそれは当然大きな目標であるショッピングセンターに飛んで行きますよ。対艦ミサイルは、海上という基本的に何もない場所に存在する水上艦艇を攻撃するミサイルですから、近傍にビルや家などが存在する地上で、大きさが他と大差のない武器庫や兵器工場を狙って対艦ミサイルを使っても命中するわけがない。そもそも軍事常識として、地上でピンポイントに狙う時に対艦ミサイルを使うことは絶対にありえません。

小野田（空）：ただ、弾頭は大きかった。1トンです。KH－22という長射程空対艦ミサイルにほぼ間違いないだろうと言われています。

伊藤（海）：そもそも米海軍の空母をふっ飛ばすためのものですから。

中距離爆撃機Tu-22M2に搭載されたKH-22。1984年撮影

小野田（空）：爆発力はすごい。ミサイルが落ちてくる映像が出ていましたけれども、非常に大型のミサイルだった。

江崎：軍艦用の対艦ミサイルを武器庫の攻撃用に使ったのはおかしいという話ですが、なぜロシア側は、牽制のために1トンもの対艦ミサイルをここで使わなければいけなかったんですか？

小野田（空）：ロシア軍側の在庫がなくなったんじゃないかとも言われていましたね（笑）。でも、それはありえるかもしれませんよ。対艦ミサイルKH－22が開発されたのは1962年で、1970年代にさまざまな改修が行われて、いろいろなタイプの派生型ができました。アメリカと戦うために開発された、核弾頭も積めるミサイルなんです。

伊藤（海）：4月に沈没したモスクワ（スラヴァ級ミサイル巡洋艦）が搭載していたミサイルがまさにこれですよ。モスクワも1982年からの運用ですから、考え方が70年代なわけです。その頃のミサイルです。

江崎：言わば50年以上も前のミサイルをわざわざ引っ張り出してきて使っているわけですか？

伊藤（海）：もう、在庫一掃セールみたいになっているんじゃないですかね（笑）。

小野田（空）：在庫がないという見方もできる。もともと核も搭載できるミサイルだから、そもそも精度などは低いという話もあります。

江崎：「脅すだけだったら別にこれでいいか」ということですかね。

伊藤（海）：どうしても脅しとしか見えないのは、そういうことなんです。

小野田（空）：そう見られてもしょうがないですね。

伊藤（海）：ウクライナ海軍はないに等しい。つまりロシア海軍にとっては、対艦ミサイルを撃つべきウクライナ艦艇がいません。それで、倉庫にあった対艦ミサイルを陸上で使え、ということになったんじゃないですか。

小野田（空）：Tu－22（超音速爆撃機）から発射したと言われていますよね。

伊藤（海）：はい。本当は飛行機から船を撃ちたい弾種だけれども、「地上を撃っちゃえ」という感じだったんでしょう。ミサイル搭載レーダーが自分で捜索して飛んでいくから、大きな目標にしか向かって行かない。GPSなんていう概念のない時代の兵器ですから、超アバウトなんです。

江崎：ミサイル一つで、今お話をいただいているような、これだけの分析ができるわけですね。

日本の兵器備蓄について

江崎：ロシアは1960年代の兵器まで備蓄して残し、現在それを使っているというお話ですが、日本の自衛隊はそういうことができるんですか？

小野田（空）：できますけれども、普通はやっていません。なぜやっていないかというと、端的に言って、新しいもの買うためには古いものを廃棄しないと財務省が納得しないからです（笑）。

江崎：でも、ロシアの現状を見た場合、いろいろなものをとにかく残しておいた方がよい、ということになりませんか？

小野田（空）：おっしゃる通りです。ただ、特に弾薬の場合に難しいのは、火工品だから品質保証をしなければいけない、ということです。普通はだいたい10年ぐらいが使用可能、いわゆる賞味期限です。その期限を過ぎると、新たにもう一回、中の火薬が大丈夫かどうかを確認する整備が必要です。そこにお金がかかるんです。

伊藤（海）：そして、弾薬を入れる弾薬庫が必要なわけです。

小野田（空）：巨大な弾薬庫が必要ですね。

小川（陸）：それもかなり管理されたものでなければいけません。

伊藤（海）：ただ、国内法に厳しく縛られるんです、日本は。

江崎：ロシアはその辺がいい加減だから、残せているというわけですね。

伊藤（海）：超いい加減だから、なんでもありなんでしょうね。

江崎：場合によっては、いい加減な方がこういう時は強いですよね。軍事はネガティブリスト（禁止事項についてのみリスト化して、禁止されたこと以外はすべてしていいとすること）で運用されることがやはり必要で、禁止事項以外は全部やっていいということでなければうまくいかない。

伊藤（海）：おっしゃる通りです。

小野田（空）：第二章でロシアはT－62戦車をまだ動かしているという話が出ましたけど、あれは自衛隊でいうと61式戦車にあたるわけですよね。

小川（陸）：61式の61は1961年に正式採用されたという意味で、60年ほど前の開発・制式化です。調達は20年ぐらい続き、2000年に退役しています。

戦後初の国産戦車である61式戦車

90式戦車

小野田（空）：61の次が74、74の次が90ですね。

小川（陸）：はい。防衛計画の大綱は戦車の数などを縛っています。日本では古い装備を油づけして置いておくということにはならないんですね。

江崎：どうしてでしょう。昔の戦車も残しておけばいいじゃないですか。

伊藤（海）：場所がないんです。

小川（陸）：残すと新しいのが入れられないんですよ。総数が決まっていますので。

小野田（空）：備蓄分を定数から外すことはできます。実際に航空自衛隊でもやったことがあります。ただ、定数から外しても、それらを油づけして維持するのにかなりの費用がかかるのと、スペースも必要だというところが問題です。

江崎：今回のウクライナ侵攻のケースを見ても、武器弾薬だって、ロシアとウクライナの両軍とも足りなくなってきているじゃないですか。やはり過去に持っていたものはそのまま油づけして残しておいた方がいいということになりませんか。

伊藤（海）：「油づけしておくための維持経費をください」という項目は、中期防（中期防衛力整備計画）には絶対入らないんです。中期防で予算として採用されなかったものは、単年度でつくことはありません。

江崎：今回のロシアを見た場合、論点の一つは、昔の兵器をそのまま残すための経費、つまり油づけの経費も認めよ、ですよね。

伊藤（海）：そうです。上限なんかなくして、現場が求めるものを買えるようにしてくれればいい、という話です。

小川（陸）：残しておけばその分、後でロシアのT－62みたいに使えます。しかし、新たに作成して調達しようとしても、足りなくなってからの発注では、とても間に合いません。破壊された、もしくは故障した装備を整備して再使用するためには、整備用の部品を調達して、現地に送りそこで整備して……とやるよりは、古いモノでも代替できる装備品をそのまま持ってきてくれる方がいい。特に離島などでは高度な整備能力はありません。部品交換による整備ではなくて、本体丸ごと交換できるという制度があればいい。

江崎：これは、ロシアによるウクライナ侵略から学ぶべき、日本の防衛大綱見直しの最大の論点ですね。

伊藤（海）：一つの論点ですね。いわゆる「継戦能力」です。

江崎：戦争になれば武器弾薬が大量に必要になるわけですが、直ちにつくれるわけではないので、これまでつくった武器弾薬もできるだけ残して保管しておく必要があるということです。要は武器弾薬の在庫なくしてどうやって戦うんだよ、という話ですね。

小川（陸）：ウクライナのように他国の助けを借りながら戦い続ける状況もありえますが、停戦に応じるためには、どこかで反撃によって完全な劣勢を挽回することが必要です。「負けたから、もうこの辺で」と相手の言い分のみを受け入れるというわけにはいかない。ゼレンスキー大統領は、ロシア側から「停戦せよ」と言われ続けていたけれども結局それには応じなかった。反撃し続けて、自分たちの意思である領土奪還が進んで、停戦交渉に臨むにあたってはロシアと対等な立場に立たないことには停戦には応じられないと思います。

司令官解任の背景

江崎：英国防省や米シンクタンクが、対ウクライナ軍事作戦を統括してきたドヴォールニコフ司令官が6月29日までに解任されてゲンナジー・ジドコ将軍が就任したと発表した、という報道がありました。

ドヴォールニコフ司令官

このトップ交代は、ウクライナの民間人への攻撃が相次いでいることと関係があるのではないか、という見方もされていますが、どうご覧になりましたか？

小川（陸）：ドヴォールニコフ元司令官は私より1歳若いんです。冷戦時代は敵味方の関係でしたけれども、大規模な絶対戦争に備えて、おそらく私と同じような頭でずっと戦い方を考えてきた人だろうなと思います。

これは本当かどうかわからないんですけれども、100kgを超えている67歳の退役将軍が再任用されたという話もあり、この人は5年前に一度退役したそうです。ということは、ロシア軍の将軍職は62歳前後が定年なのかと思ったんですね。ドヴォールニコフ氏もだいたいそれぐらいの歳です。今回はあくまでも「特別軍事作戦」であって「戦争」状態ではないので、「定年を迎えて交代しただけかな？」という気がしなくもなかったんですよ。

ゲンナジー・ジドコ将軍

伊藤（海）：なるほど、定年（笑）。

江崎：戦争中に定年で司令官交代なんてあるんですか（笑）。

小川（陸）：あくまでも「特別軍事作戦」の範疇《はんちゅう》だから、そういうこともあるかなって（笑）。

小野田（空）：4月に総司令官になったばかりなのに（笑）。

小川（陸）：南部軍管区司令官としては6年ほど勤務しているようです。それはさておき、さっき古い兵器がだんだん出てきたという話がありましたよね。新しく就任したジドコ将軍という人は東部軍管区司令だったようなので、「東部軍管区の隷下部隊の兵器を使え」となってそう

南部軍管区（令和３年版防衛白書参照）
https://www.mod.go.jp/j/publication/wp/wp2021/html/n120503000.html

いう事態になったのかなと。南部軍管区司令のドヴォールニコフ氏が司令官だった時には、もっぱら南部軍管区のアセット（資産）を使っていたのだろうと思います。今回の司令官の交代が民間人の虐殺と連携しているかどうかについてはわかりません。

伊藤（海）：東部軍管区だと、ますます古い武器を撃ちそうですね。

小川（陸）：それが6月末からの状況だったのだろうと思います。在庫の中から使える武器を使うことになるでしょう。何が残っているか、ジドコ将軍は当然知っているでしょうから。

小野田（空）：空挺部隊司令官も交代になったという噂もありますね。6月20日に米シンクタンクの戦争研究所が、アンドレイ・セルジュコフ司令官が解任された可能性が高いことを伝えていました。セベロドネツク周辺で空挺部隊が投入されているという情報がありましたから、あのあたりの戦い方に、参謀本部なりプーチンが非常に不満を持っていたということは当然考えられます。

江崎：先生方が戦局を分析する際には、司令官の交代劇であるとか、司令官がどういう人間なのかとか、そういったことをかなり重視されるのでしょうか。

アンドレイ・セルジュコフ司令官

伊藤（海）：見ますね。

小川（陸）：相手国のドクトリン（原則）にもとづき、現在の編成・装備や予測される練度ではこう戦うだろう、というのを前提条件として、相手国の指揮官特有の考え方、バックボーン、過去の行動といったことを加味して分析すべきだと思っています。

江崎：ということは、日本側も当然、中国やロシアの軍の幹部たちがどういう人間なのかという分析をしているということですか？

伊藤（海）：あまり詳しくは言えませんけどね（笑）。

小野田（空）：オープンソース（公開情報）で経歴についてはだいたい出てきます。たとえばドヴォールニコフ大将はシリアの司令官をやっていたとか、そういう経歴が出てくる。そこから彼がどのような経験をしているかという類推ができます。あとはＣＩＡ（Central Intelligence Agency：アメリカの中央情報局）などが人事情報をフォローしていてもうちょっと深い分析をやっているんだろうと思います。

江崎：そのあたりは政治の世界と一緒ですね。僕らは日頃「あそこの派閥のあの先生は誰々先生と仲が良くて、どこどこの部会をやっていた人間だから、たぶんこういうことをやっていくよね」といった分析をしています。やはり同じようなことなんですね。

伊藤（海）：そういうことです。たとえば中国だと、今、中国共産党中央軍事委員会には本当の海軍の人間は一人もいません。今の海軍司令員（苗華海軍上将）[※1]はもともと陸軍の将軍でした。これがある日突然、海軍の提督になるのですから、海軍のことがまったくわかっていない軍隊だな、と私は見ています。

江崎：なるほど、政治将校ですね。

伊藤（海）：だから、危ねーな、と思うんですよ。アメリカ海軍に勝てると勘違いするアホな集合体になっちゃっているんだろうなと。私は大変な危機感を持ちますね。一時期、中国の高官が「米軍に勝てる」と盛んに言っていました。党中央軍事委員会には、本当の意味での海軍司令官が一人もいません。

小川（陸）：ドヴォールニコフ司令官の交代劇に関しては、もし更迭なのだとすると、それは現場の第一線指揮官だけに結果責任を負わせることになります。それはいくらなんでも、ちょっと酷なのではないかな、と考えてしまいます。

ロシア軍の指揮系統については不明瞭なところがありますが、制服組のトップであるワレリー・ゲラシモフ参謀総長が指揮権を持っているのだとしたら、その指揮系統上の全体の責任区分はどうなっていたのか。そもそもウクライナ侵攻前には、ウクライナの政治情勢を分析していたFSB（Federal Security Service of the Russian Federation：ロシア連邦保安庁）がプーチン大統領に「2日で制圧できます」と報告し、プーチン大統領がそれを信じてゴーサインを出したという報道もありました。そこにおける責任はドヴォールニコフ司令官ら現場の第一線地上部隊指揮官にはないだろうと評価します。

むしろ陸軍は侵攻開始後、きちんとキーウ正面に空挺部隊を投入し、その後、北西方向から予備隊を投入して攻撃して、さらにハルキウ正面の方から予備隊がまたキーウを北東方向攻撃

※1　苗華は、2014年12月に陸軍蘭州軍区政治委員から海軍第11代政治委員に配置転換され、2015年7月に海軍上将に昇格した。

していました。必要な予備隊の運用もしっかりやっていたし、戦果の面でも、南部・東部の必要な領域まではどうにか取れています。それをもってドヴォールニコフ司令官を更迭するというのは、ちょっと過剰な責任の取らせ方かなと私は思っていました。だから「普通に定年がきたのかな?」という考えを持ったんですね(笑)。肩を持つわけじゃないけれども、自分がドヴォールニコフ司令官の立場にいたと考えて、あのBTGを使ってここまでやれたというのは、戦術的には多くの失敗があったものの作戦術的には及第点をあげてもいいなという気がしないでもないものですから。このようにコメントする理由は、ロシア軍の作戦を否定的な側面からのみで評価して、指揮官交代はすべて更迭だと考えていると、今後の戦況推移の分析がズレてくると思いますので、できるだけ客観的に見るべきかなと思っています。

ロシアの情報機関

小野田(空):一つ疑問があるのですが、たとえばアメリカには情報コミュニティがいくつかあるわけですよね。CIAは国家の情報機関かもしれないけれども、国防省にはDIA(Defense

Intelligence Agency：国防情報局）という別の情報局がある。全部で18あると言われている情報コミュニティが、それぞれのソースで情報を集めているわけです。それを統括しているのがDNI（Director of National Intelligence：国家情報長官）ですよね。ロシアはそういう形にはなっていないのでしょうか？　基本的にはFSBがプーチンに情報をあげていたように報道されているし、そう分析もされているけれども、じゃあロシア軍自体は独自の情報機関を持っていなかったのか。そこもFSBが全部統括していたのか。往々にして権威主義の体制にはそういうことがありがちですが、情報に関してはいくつかの機関が並立しているのが普通だと思います。

江崎：アメリカは複数の情報機関の活動を調整し、情報を一元化する「インテリジェンス・コミュニティー」という体制で情報機関を運用してきました。CIAが湾岸戦争やイラク戦争で情報分析を失敗した反省から、DNIを新設して複数の情報機関で相互チェックしていく形にしたわけです。けれども、ロシアはソ連時代から伝統的にインテリジェンス・コミュニティーでの運用ではないですね。

小野田（空）：ソ連時代だと、KGB（Komitet Gosudarstvennoy Bezopasnosti：ソ連国家保安委員会）オンリーだったということですか？

江崎：KGBの他に海軍情報部、GRU（Glavnoye Razvedyvatelnoye Upravleniye：ロシア連邦

軍参謀本部情報総局）なども活動していましたが、お互いに情報を共有せず、縦割り体制で運用されていました。スターリンら時の国家指導者が各機関からあがってくる情報をチェックしていただけで、インテリジェンス・コミュニティーという概念はありません。

伊藤（海）：だから失敗だらけだったわけです（笑）。

江崎：だから冷戦に負けてしまったんだ、という捉え方ですね。でも、たぶんその反省はないと思います。

小野田（空）：少なくとも軍には、作戦を行うために必要な情報見積もりというのが必要です。その情報見積もりをいったい誰がどういうふうに提供していたのか。普通の軍隊なら、自分たちが作戦をするために必要な情報、たとえば相手のOB（Order of battle）つまり敵の戦力配備から戦力の内容まで、必ずそういった情報をしっかりと持って作戦をつくっているはずです。だけど今のロシア軍は、侵攻以来、どうもそういうふうには見えない。私はどうもクエスチョンマークなんです。

江崎：軍はそれなりにやっているけれども、ということなんでしょうか。ロシアはソ連時代から一貫して、KGBも含めた情報部門優位です。軍は情報部門の下で、一貫して苦労させられていますよね。

伊藤（海）：「いいからやれ」と言われているだけです（笑）。

江崎：やれと言われて、やって、うまくいかない。しかも、その責任まで追求される。あの国は、軍事国家なのに軍人優位というよりは軍人蔑視みたいなところがありますね。

伊藤（海）：私、現役の時に本当、そう思いましたよ。「こいつらかわいそうだな〜」と。実際ロシアでは軍人は全然尊敬されていませんからね。軍人は自分たちでは強気な発言をしますが、ロシアの一般国民からすると、「はいはい」みたいな。だから、外から見えているイメージとは違うんですよ。私もいろいろなロシア軍人と付き合っていくうちに、彼らが国内でいろいろとかわいそうな状況に置かれていることを知りました。

KGBの制服をきたプーチン

小川（陸）：それから、ロシア軍は「縦方向のみの人事」で、縦の上司にのみ忠誠を誓います。基本的に横の組織は敵であるという気持ちがあると思いますね。

伊藤（海）：どこかの警察と一緒です（笑）。

小川（陸）：縦方向の組織、つまり分業しか機能していないのだろうと思います。第一章でも述べた通り、自衛隊のようにフォースプロバイダーとフォースユーザーの役割分担がなく、そのまま一人の指揮官の下にしか部隊はつくらない。そもそもそういう発想で組織も装備品もつくられているんじゃないか、という気がします。

小野田（空）：あいつの言っている情報は聞かない、ということですよね。

小川（陸）：そうですね。それに加えて、相手にも情報を渡さない。

ランチェスターの第二法則で戦況を見る

江崎：ロシア大統領府が6月29日に発表したところによると、プーチン大統領はウクライナに対する「特別軍事作戦」について「すべてプラン通りに進んでいる。何らかの期限のもとに、せかせるのは正しくない」と語り、東部ドンバス地方の住民保護という目的達成まで作戦を遂行する考えを示したそうです。現在の東部ドンバスでの攻防について、小川先生はどうご覧になっていますか？

小川（陸）：左ページの6月28日時点の状況図を見ると、皆さんがいろいろと解説されているように、ウクライナ軍が3方向からロシア軍に囲まれつつありました。

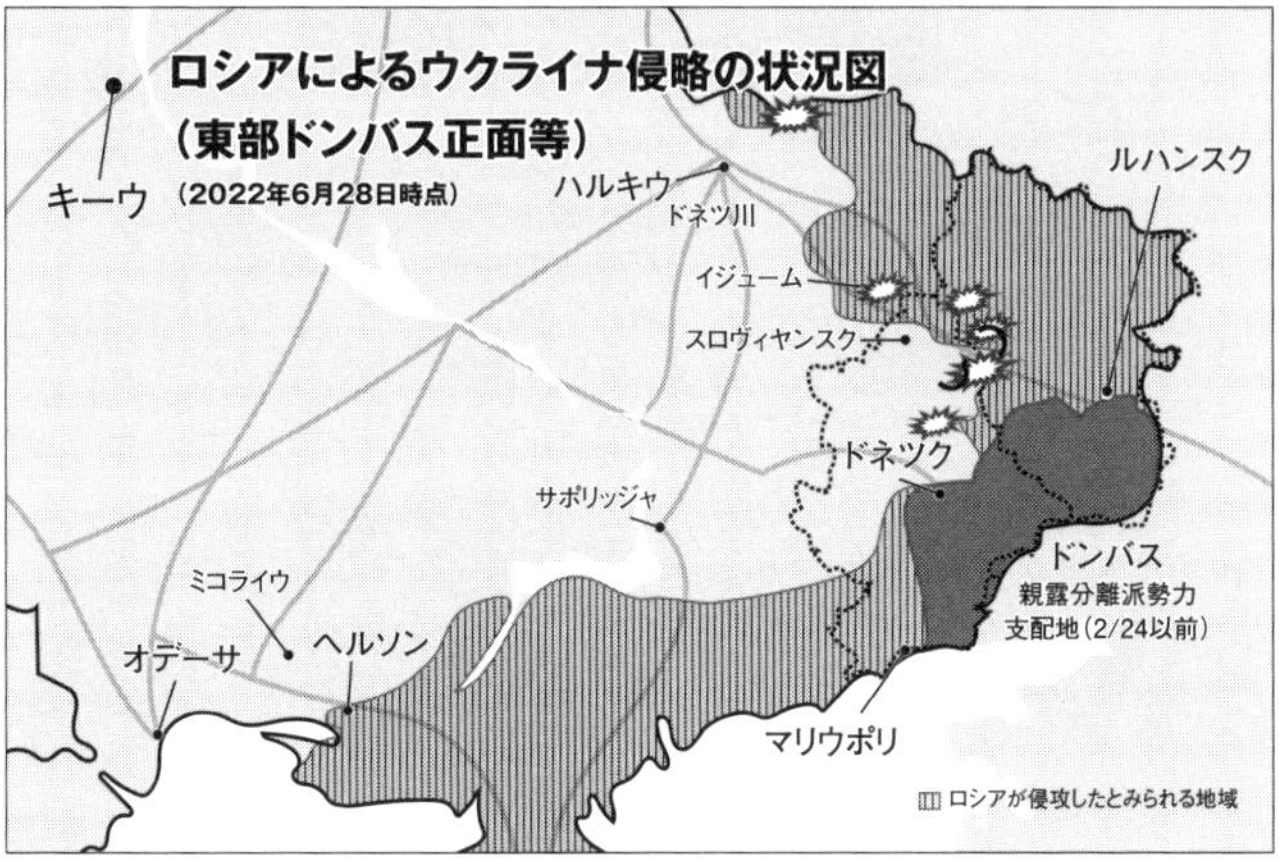

ロシアによるウクライナ侵攻の状況［防衛省 HP などの資料をもとに作成］

拡大すると、セベロドネツクまでロシア軍が侵出しており、リシチャンスク付近にウクライナ軍がいます。ロシア軍が戦車で機動戦をやっているようには報道からでは読み取れませんでしたので、火力戦闘を中心とした消耗戦をしていると思われます。つまり、ロシア軍側は砲兵陣地によって3方向からウクライナの砲兵陣地を攻撃できる可能性がある。北側にあたるセベロドネツク〜リシチャンスク〜イジュームにかけては川がありますので、川の北にいるロシア側からウクライナ陣地に向けて機動はかなり困難ですが、ロシア軍はその川の北側からウクライナ陣地に対して砲兵射撃はできます。砲兵の射撃については、ロシアは3方向からウクライナの砲兵陣地に対して射撃ができます。一方、ウクライナは西から東に向けての一方向の陣地からの射撃です。このウクライナが陣地を構えている地

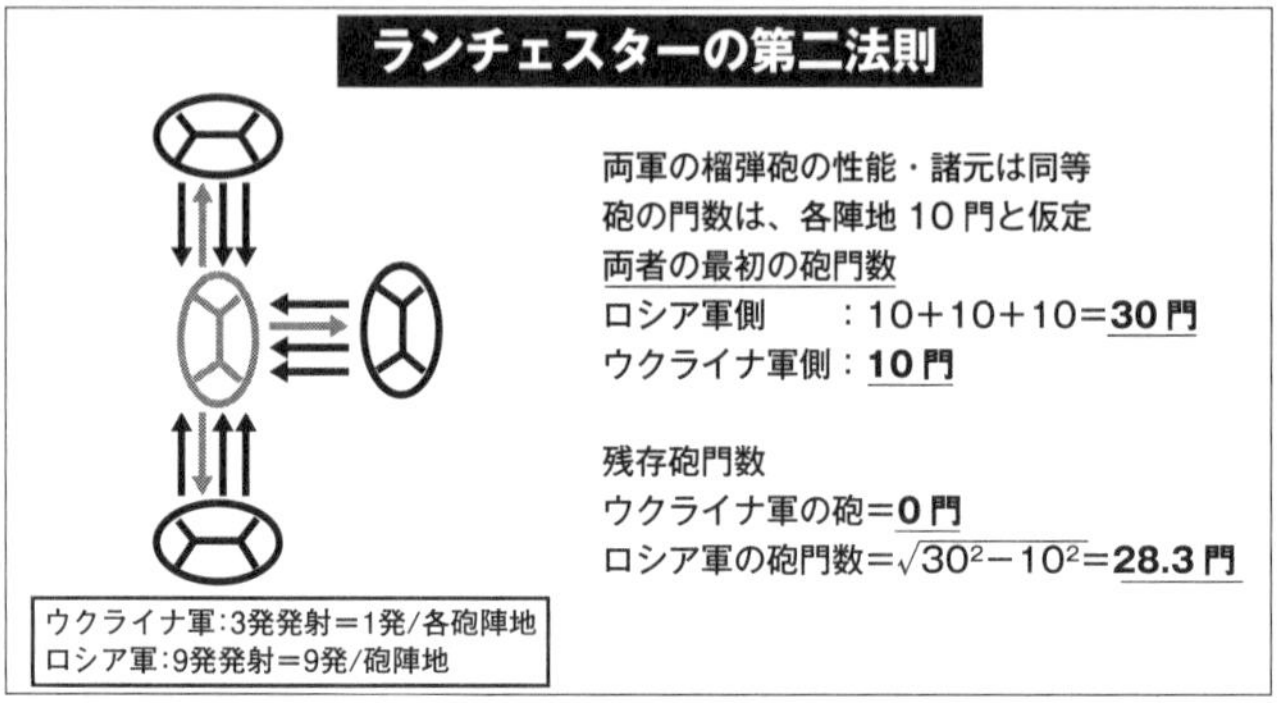
ランチェスターの第二法則
両軍の榴弾砲の性能・諸元は同等
砲の門数は、各陣地 10 門と仮定
両者の最初の砲門数
ロシア軍側　：10+10+10=30 門
ウクライナ軍側：10 門
残存砲門数
ウクライナ軍の砲=0 門
ロシア軍の砲門数=$\sqrt{30^2-10^2}$=28.3 門
ウクライナ軍:3発発射=1発/各砲陣地
ロシア軍:9発発射=9発/砲陣地
著者・小川清史作成

域の広さは20kmぐらいの幅です。火力は20m間隔ぐらいで置いていると1発の砲弾で両方が被害を受けることになるので、実際には100mぐらい間隔をとらないといけません。だから、1km あたり10門程度の火砲を置ける計算になります。ただし、火砲陣地となりうる20kmの地域のうち、南北の両側5kmほどはイジューム及びボスパナ地域のロシア軍の戦車や誘導弾などからでも射撃される可能性が大きく、危険です。そのため真ん中の10kmほどの地域しか砲兵陣地として使えない。すると、砲門数としては10門程度しか配置できません。この地域で運用できる砲門数にはどうしても限界があるわけです。

一方、ロシア側はこのウクライナ陣地を火力で叩こうとして、榴弾砲その他の火砲を相当集めてきている印象でした。

これはどちらかというと海・空の方が専門になりますが、ランチェスターの第二法則というものがあります。1914年にフレデリック・ランチェスターという英国軍人が発表した法則で、戦闘による人員や装備の減少を数理モデルで示したものです。陸の場合はどうしても地形などいろいろな要因に左右されるので、完璧には数理モデルに当てはまる綺麗な形にはならないのですけれども、今回のケースでは非常に良い分析用具としてこの法則が使えるかなと思います。

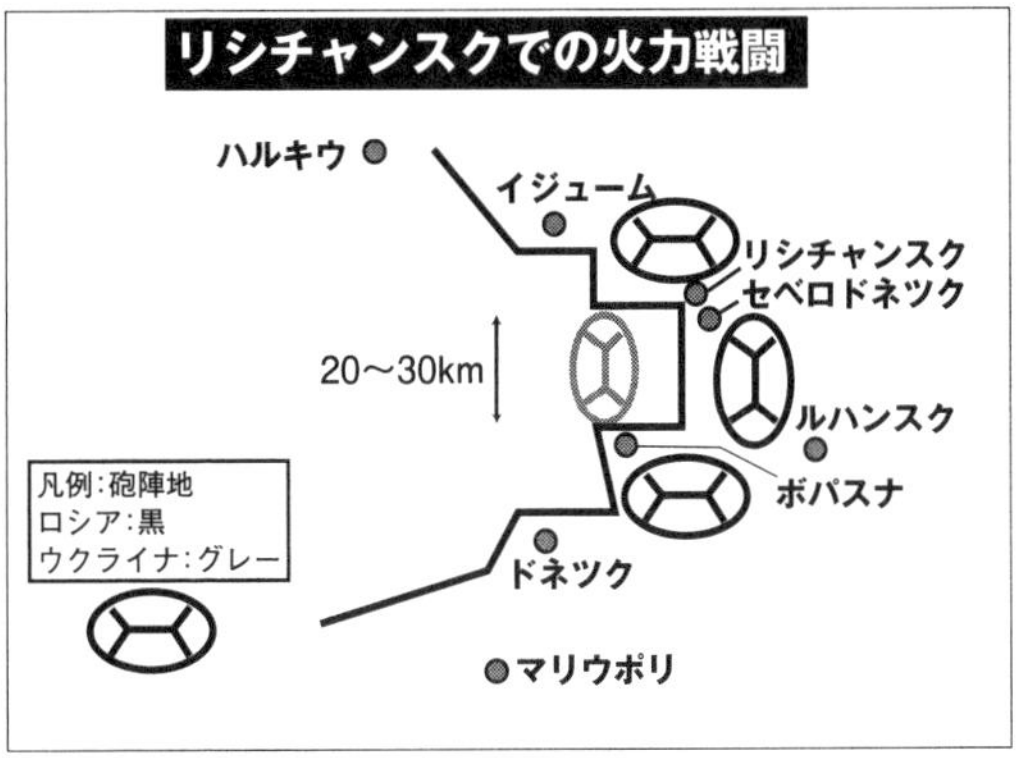

著者・小川清史作成

ウクライナがこの陣地にずっといたらどうなるか。前ページの図のように3方向から射撃されると3対1ぐらいの割合の火力比率になるでしょう（実際には10対1との報道もあります）。

すると何が起きるか。仮にそれぞれの陣地に10門ずつ火砲が配置されていると仮定して、ロシア側は30門、ウクライナ側は10門の大砲で撃ち合うことになる。2乗に比例するというこの法則の数理モデルで計算していきます。

たとえばウクライナの陣地からロシアの陣地に1発ずつ撃つと、その間にロシア側は各陣地からウクライナ側に3発ずつ撃てる。するとどういうことが起きるか？　ウクライナ陣地側にはロシアからの砲弾が9発当たることになります。一方、ロシアの3つの各陣地はウクライナからの砲弾を1発ずつしか被弾しません。つまり、その被弾数は、1発対9発になるわけですね。ウクライナ側の大砲が0門になるまで射撃を継続するとロシア側の砲は何門残るか。ルート（√）の各門の2乗に比例しますので、諸元（射距離、命中精度などの性能及び機能）がほぼ一緒だと仮定した上での話ですが、ロシア側は30門中$\sqrt{800}$＝28・3門ぐらい残る計算になります。つまり、ウクライナが10門撃破されるのに対して、ロシアは2門もやられないで済むわけです。

江崎：圧倒的なんですね。

小川（陸）：はい、ですから、ウクライナ軍はこんなところにずっといると、火力戦闘でどんどん消耗してしまう可能性が高い。ずっと留まってへたに頑張るよりはいったん戦線を引き上げた方がいい。ロシアの大砲が集まってきている可能性がかなりあると報道されていましたし、被害も大きくなっている。報道から考えると、ロシア軍砲兵とウクライナ砲兵の戦いの状況は、前ページ（119ページ）の図のような状態になっているのではないか、という気がしました。

ところで、第二法則があるということは第一法則もあるわけですが、ランチェスターの第一法則というのは、刀や槍のようにいわゆる前近代的な、真正面の

ランチェスターの第一法則

戦闘力＝武器効率（質）×兵力

兵士の数が同じ場合には
武器性能が高い方が勝つとされる。

敵しか攻撃できない場合の法則です。たとえば30人対10人だったら10人ずつがぶつかってそれが双方同時に同数だけ消耗するから多勢の側は20人が残る、という計算です。近代戦であれば2乗に比例しますので、ランチェスターの第二法則にもとづき、ロシアはほぼ損害なしでウクライナの大砲を全部破壊してしまうという状態が生まれます。

横の連携が圧倒的有利を生み出す

小川（陸）：せっかくなので、もう少し話を広げさせていただくと、通常、組織というのは指揮官に相対して機能します。3人から7人程度までの隷下指揮官の数でないと人間の行う指揮はうまく機能しません。指揮官から下を見ると3人かもしれないけれども、下の者はそれぞれ仕事をガンガンやる。つまり、ランチェスターの第二法則に則って2乗に比例しますから、部下が3人の場合だと、指揮官からの1回の命令につき、部下からは合計で9回、指揮官とのやりとりが行われるわけです。

小学校の先生を例にとりましょう。仮に30人学級だとすると、先生が子どもを一人ずつ見て

MDOとランチェスターの法則

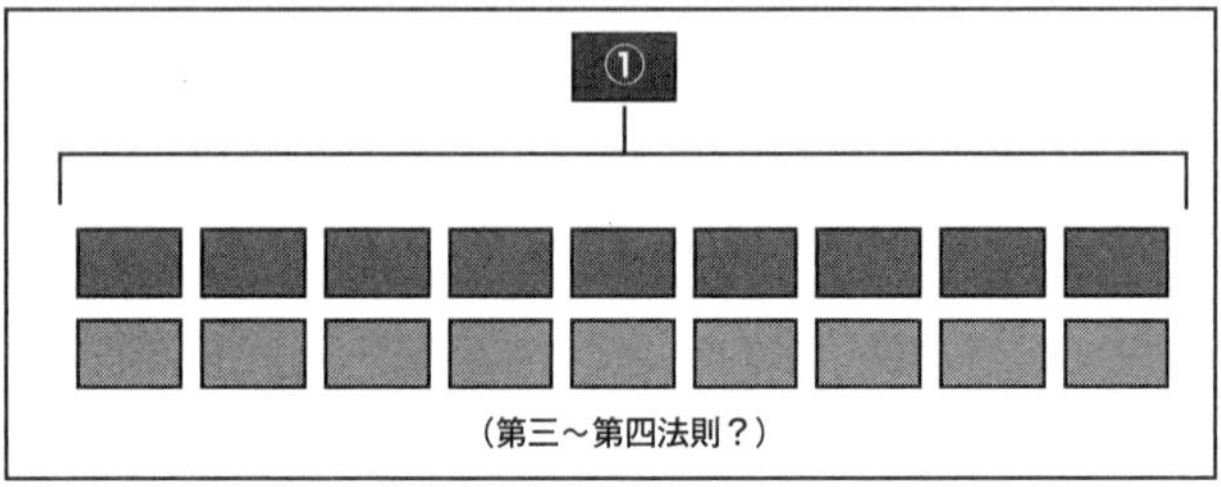

著者・小川清史作成

いるのに対して、2乗に比例しますから、子どもたちは900回、先生を見ていることになる。だから先生方は大変なんですね。さらに生徒1人につき保護者の方、お母さん方がその後ろに1人ずついらっしゃるとしたら、先生は計60人を相手にすることになります。ランチェスターの第二法則だと60の2乗で3600回になりますが、特にお母さん方の場合は横の交流があってすごく情報交換が行われますので、その情報量を踏まえればランチェスターの第三法則（三次元）というものまで編み出してもいいんじゃないかと思うぐらいです。つまり、60の3乗だとすると21万6000回。先生がこの生徒さんたち30人とお母さん30人を一回ずつ見ている間に、生徒さんやお母さん側からくる情報というのは実に21万回以上になる。

　このように上司や先生は、圧倒的に見られる回数が多いから、あっという間に見抜かれるわけです。部下・生徒一人ひとりを見ている間に、部下や生徒からは無茶苦茶大量に見られて、すぐに人物像や言動・考え方がわかられてしまう。

私は、これこそがマルチドメイン（MDO）の考え方にある程度当てはまるんじゃないかなと思っています。

たとえば30個の軍事領域があるとして、それぞれ横の連携をしっかりさせて、多くのドメインで敵の一つのドメインに対応していくようにすれば、3乗近く、もしくは4乗の情報優越が生じるかもしれない。つまり、先の例の20万回以上対1になるようなマルチドメインの組織をつくって、宇宙・サイバー・電子戦を組み合わせていけば、非常に強い連係プレーができてくる。普通に一つずつが単独で存在しているのではなく、しっかりと情報・火力の相互連携ができるような組織を統合でつくっていくということが非常に大事だろう、ということをこのランチェスターの法則から思います。

もう一つ、これに関連することで言うと、今の人たちはオンラインの会議が多いですよね。見ていると、オンラインの会議では、部下同士は孤立していて横の連携がないので、上司と部下がわりと1対1の状況になりやすい。これはランチェスターの第一法則に近い状態です。第二法則にはならないので、上司からすると、部下の掌握や説得においては非常に有効なツールだと思います。つまり、オンライン会議に慣れることが今後のリーダーにとっては必須要件だということ

リーダーとランチェスターの法則

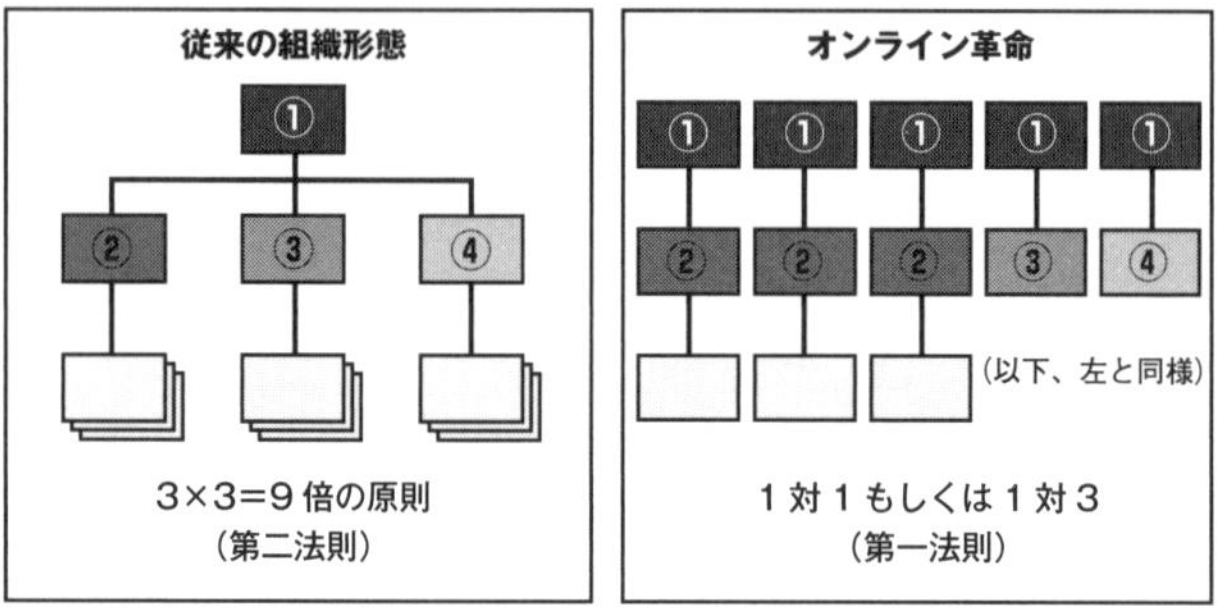

著者・小川清史作成

です。もちろん、従来通り対面式で人間の感情を通い合わせることも必要だと思いますが、時代の変化から逃げずにオンライン会議を使いこなしていくのは大事だろうなと個人的には感じています。

話を戻しますと、そもそもロシアが3方を囲むことができるようになったのはどうしてか。ドネツク、ルハンスク、それからクリミア半島を取ることは直接、戦争目的に合致しています。いずれも消耗戦で、そのうちに戦線が収縮し、形を整えてきて、3方向から射撃ができる状態になった。実は火力で戦いやすい状態をつくっていたと言うこともできて、ロシア陸軍のがむしゃらな消耗戦型の戦いはそれほど無駄ではなかったんだなと思います。

ウクライナ側からすれば、いったん撤退して戦線をつくり直し、ロシア軍と横一線で並んで一対一で戦える状態にした方が、火力戦闘をしても消耗がひどくならないで済むかもしれません。

江崎：ウクライナ側の撤退は、態勢を立て直すための戦術的な撤退という意味合いもあるということでしょうか。

小川（陸）：そういう気がします。単純に退いただけではなく、メリットも非常にある状態で退いたのではないでしょうか。損害を出している地域にはもはや守るべきものがあまり残されていない、という主旨の発言をルハンスクのガイダイ州知事もしていたと思います。

小野田（空）：そこで射程70kmのHIMARSが出てくるわけですね。

小川（陸）：そうです。ただの叩き合いではなくて、より命中精度のいいものを使って有利に立つ。それでこの地域の火力戦闘を有利にできるというのがウクライナ側の狙いにあったのではないかと思います。

昔とは異なる支援のあり方

江崎：6月30日、アメリカが数日中に8億ドル規模の追加支援をウクライナに対して行うと表明しました。追加支援ということは、ウクライナ側はまずは戦術的にいったん後退して、アメリカの追加支援を得て態勢の立て直しをすることに決めた、という見方でいいのでしょうか。

小野田（空）：アメリカもＮＡＴＯも、それからウクライナ軍も、常にコラボレーションしているんですよ。ウクライナ軍が戦況を細かく説明して、「こういうものが今は足りない」ということを伝えているんだろうと思います。まさに日々、状況が変わっている中で、本物の軍事専門的な調整をしているはずです。最初のうちはＮＡＴＯも「ＨＩＭＡＲＳなんてとんでもない」と考えていたけれども、今の戦況からして30km、40kmの射程のＭ７７７榴弾砲では足りないということになった。ＨＩＭＡＲＳの射程３００kmのものはさすがに必要ないにしても、70km射程ぐらいのものは供与しておかないと戦線を維持できない、あるいは反撃ができない、という判断になっているのかもしれません。小川さんの話を聞いてそう思いました。

伊藤（海）：私もそう思った。さすがだなと（笑）。

小川（陸）：ありがとうございます（笑）。

江崎：なるほど。米軍・ＮＡＴＯ軍・ウクライナ軍で状況の共有をしながら、的確に、必要な武器のやり取りをリアルタイムでやっているわけですね。こういう戦い方は、昔もそうだったんでしょうか。

伊藤（海）：今だから、の話ですよ。

小川（陸）：情報も取れるし、戦況も把握できますからね。以前はおそらく、感覚的に戦況が捉えられていたと思います。私が、ネットの情報だけからでも皆さんに納得していただけるような話ができるようになったのも、今の時代だからだと思います。

江崎：完全に、新しいあり方ですね。

ベルギーのブリュッセルにあるNATO本部

伊藤（海）：ほぼリアルタイムに、アメリカなどのインテリジェンスがそのまま現場にも繋がるし、現場の戦況もフィードバックされているということです。

江崎：すごいことだと思います。

伊藤（海）：昔であれば、ありえません。だいたいが、そのリレーのまずさで戦争を失敗していますからね。それをほぼリアルタイムでやれるということは、ターゲッティング（標的設定）できるということですからね。

小川（陸）：公開情報しか持っていない私がこれだけ情報を取れるということは、各国情報機関及び軍関係者は、さらに精度高くリアルタイムで情報が取れているんだろうと思います。

江崎：そういう意味では、アメリカとNATOとの連携は本当にすごい。

伊藤（海）：6月29日のNATO首脳会議[※2]も、結局そこでした。マドリード首脳会議宣言で合意された4つのうちの1つが新しい戦略概念（NATOの活動方針をまとめた文書で、およそ10年ごとに改定）の採択で、後の3つはそれこそ支援の話でした。

江崎：同盟国あるいは同志国の支援の仕方も、昔とは違ってきているんですね。このような戦争の新しいあり方の研究というのは、日本は進んでいるんでしょうか。

伊藤（海）：おそらく、情報本部あたりはやっていますよ。市ヶ谷の統合幕僚などの各幕僚監部がやっているかというと、そこはちょっとわかりませんけれども。

小川（陸）：陸上自衛隊も、けっこうリアルタイムで教訓収集と分析をやっているようです（教訓とは、Lessons learned のことであり、教育訓練の略ではない）。

伊藤（海）：陸は教育訓練をする専門組織を持っていますからね。幹部学校から組織体を変えて教育訓練隊をつくりましたから、図上演習後のAAR（アフターアクションレビュー：事後研究）や他国の戦争についての教訓収集をしていますから。

小野田（空）：教育訓練研究本部[※3]ですね。

小川（陸）：イスラエルなどは、現場の教訓をすぐにフィードバックするべく、入手した情報資料（Information）を使える情報（Intelligence）に変換した上で現場の部隊に教訓を提供して戦い方を変えていました。それはやはり見習うべきだと思います。私が現役の時も、演習が終わってからのアフターアクションレビュー（ＡＡＲ：実施後の評価会議）によって教訓を導き出す方法のみではなく、いま変えられるものを演習や実任務遂行中にどんどん変えていくというやり方が本来は必要だろう、ということでやっていましたけれども。

江崎：ネットの時代というか、情報化時代の特性だと思いますが、戦況の分析にもとづいて支援する内容、供与する武器がどんどん変わるというのはすごいことですね。

※2　２０２２年6月29日にスペインの首都マドリードで開催されたNATO首脳会議では、ＮＡＴＯの「戦略概念」が12年ぶりに改定され、ロシアと中国への対抗姿勢が明確に打ち出された。首脳宣言ではこの新「戦略概念」採択のほか、スウェーデンとフィンランドのＮＡＴＯ新規加盟、東ヨーロッパのＮＡＴＯ加盟国の戦力増強、ウクライナに対する包括的支援が主な合意として盛り込まれた。同会議には岸田文雄総理もＮＡＴＯ側から招待されて、主要パートナー国の首脳として出席した。日本の首相がＮＡＴＯ首脳会議に出席するのは史上初めて。

※3　陸上自衛隊教育訓練研究本部：陸上自衛隊の教育・訓練・研究開発分野における中核組織。陸上自衛隊幹部学校と陸上自衛隊研究本部を統合して２０１８年3月に設立された。「真に戦える陸上自衛隊」の実現のため、陸自の各教育機関に対する統制・調整を行い、部隊・関係機関の知見を結集して、その成果を防衛力整備、基本教育、錬成訓練などに反映する業務を実施している。

小川（陸）：第一線の状況が手に取るようにわかる。これだけでも画期的だと思います。前線がどうなっていて、どこで敵とぶつかっていて、今、何が起きているのか、というのはなかなかわかるものではありませんでした。

伊藤（海）：それも我々のようなOBでもOSINT（Open Source Intelligence：一般公開情報を収集・分析して独自の情報を得る方法）ができるんですからね。すごい時代ですよ。いわんや、間違いなく自衛隊の現役はもっとすごい。

小野田（空）：ウクライナ復興支援会議がNATOを中心に行われていますよね。6月末に行われた会議には50カ国が参加していました。50カ国のうち、実際に具体的な支援をすると言ったのは、6月末時点で20カ国でした。「じゃあ、残りの30カ国は何しに来たの？」という話ですが、これはもう完全に情報収集です。

会議に出れば、どのような戦況になっていて、ウクライナ軍がどんな状況にあって、どのような支援を必要としているか、という情報が皆にブリーフィングされます。それを各国で共有して、「うちの国はこういうものを供与できる」という話をするわけです。中射程の防空手段が必要だとか、榴弾砲が必要だとかいうことを会議で議論していく中で、それらが必要な理由として、現在の戦況やウクライナが今後展開していくべき方向性が明らかになる。すると各国は「なるほどそうか。じゃあ、うちの国が供与できるものは何だ？」という意識になって、ウクライナ支援に貢献していく。こういう戦争は初めてじゃないですかね。かつて湾岸戦争の時に多国籍軍というものがありましたけれども、ここまでの合議体で支援する形にはなっていませんでした。今回のように、「人は出さないけれども、ウクライナを全面的にバックアップする」という戦争は、やはり初めてのことでしょう。

江崎：湾岸戦争の時には、まずはアメリカが圧倒的なものを持っていて、他の同志国はアメリカに言われた役割を担う、という形でした。

伊藤（海）：アメリカ自身が自分でやっていましたもんね。逆にあの頃のアメリカは、他の国と一緒にやっていても、邪魔でしょうがない、と感じていました。だから、一緒にやっているフリをしながら、「ここを頼むね。あそこを頼むね」と線引きをして、重要地域のほとんどは米軍だけで戦闘をしていました。

小川（陸）：IT化も、イギリスが多少一緒に繋がるぐらいで、あとの国とは全然そういうレベルになかったですから。

小野田（空）：当然、それが政治的にも反映しましたよね。今回、スウェーデンとフィンランドがNATOに加盟するという大きな政治的振り子が振れました。

伊藤（海）：彼らも知りたいんです。隣国ロシアの脅威にさらされながら、「中立」だからNATOとの情報共有からオミット（除外）されてきた。だから、同盟の中に入って、何が起きているかを知りたい。

小野田（空）：それから、装備品なり訓練なりをNATO標準化しないと戦えないということがわかってきた、ということです。NATO標準化することで、自分たちはたいしたお金を出せない、あるいは装備もたいしたものは持てないけれども、それをバックアップしてくれる大きな後ろ盾ができるということが大きい。冷戦終了以降、NATOが本来のNATO、すなわち本来の軍事同盟としての形を、いま一番強く形づくっているのかもしれません。

江崎：なるほど。ウクライナでの戦争のおかげでNATOは本来の軍事同盟に進化しているわけですね。

伊藤（海）：私がアメリカにいた時に9・11の同時多発テロがありました。その後にイラク戦争などがあった。あの頃、Coalition（コアリション：連合）と称して、まさに有志連合というものをつくり、アメリカは国際社会を巻き込みながら戦っていました。フロリダ州タンパにある中央軍司令部の屋外駐車場に、100台くらいのトレーラーハウスを設置して各国の軍人を招いた。それがコアリションの形だったのです。自衛官も含め、いろいろな国の軍人が来て、「何が起きているの?」と聞く。アメリカ側は、戦闘への貢献度によって「君の国はOK」「お前の国には教えない」などと差をつけるんですね。これのNATO版がウクライナ復興支援会議です。その会議に参加していないと何が起きているかわからないから、世界各国は皆、ここに軍人を出すんです。

江崎：当然、日本は入っているんですよね?

小川（陸）：日・NATOセミナー（日・NATO関係のあるべき姿について日米欧の識者が議論を行う非公開会合）をもう30年以上やっていると思いますけれども、NATO首脳会議に日本の首相が入るのは初めてでしょう。

伊藤（海）：そういう枠組みの中に、日本の首相も入ってきたということの意味は大きいですよ。また日本の駐在武官も当然入っているでしょうから、日本政府も、けっこう本当の情報を聞いているんだと思います。

江崎：今回、岸田総理がNATO首脳会談に初参加したのは、やはりすごくよかったわけですね。

小野田（空）：非常によかったと思いますね。

小川（陸）：「入らざるをえない」というか、「入るべきだ」という状態なのだと思います。

江崎：これまで僕が見てきた政治の世界からすると、参議院選挙中に総理が軍事の問題で国外に行くなどというのはありえませんでした。

小川（陸）：岸田総理も、NATOの変革、あるいはアメリカの変化をやはりわかっていらっしゃるんでしょう。そういう時代なんだろうと思います。先ほど伊藤さんがおっしゃったように、NATOは9・11以降、NATO域外の脅威というものにどう対応するかと検討していた状態から、本当に互助任務にもとづいて動き出しました。さらに今回の新コンセプトでは、脅威となる敵をきちんと見定めてきました。大きく変化してきていますから、日本もこれに乗り遅れたら、台湾問題への対応などがまるっきりピント外れになってしまう可能性があります。

必要とされる、新しい脅威認識

小川（陸）：1991年にソ連が解体されました。当時のNATOは「中・東欧の経済社会・社会問題・民族対立・領土紛争」をリスクとし、「もう自分たちの中はOKだ」ということで、「平和の配当」（冷戦終結によって削減可能となった国防費を経済再生に振り分けるべきだとする議論。1990年代の米国議会を中心に盛り上がった）へ急激に舵を切り始めたわけです。

NATOの戦略概念はだいたい10年ごとに出されますが、当初は「リスクはあくまでも民族紛争、人権侵害にある」という内容でした。それが2010年に、9・11を受けてNATO域外の脅威への対応と大きく舵を切り始め、今回、ロシアを「最大・直接の脅威」と位置づけるにいたったわけです。敵を明確に位置づけない限り、軍事ドクトリンは明確になりません。アメリカの1982年、1986年のエアランド・バトル（AirLand Battle：陸・空の統合作戦で機動戦及び縦深戦闘を展開すること）ドクトリンも、ソ連のOMG構想（Operational Manoeuvre Group：作戦機動グループ）にいかに対抗するかということが明確にあったから出てきたものです。だから今後は、本当に明確なドクトリンが出てきて、それにもとづいてまた兵器体系及び戦い方がどんどん変わってくるんだろうと思います。

伊藤（海）：NATOの戦略概念に初めて中国が入ったんですよ。「ロシアが最大の敵だ」と言っていた組織が、「中国も」と書いたわけですからね。そうしなきゃいけない国際情勢になったということです。

江崎：NATO首脳会議出席については、素直に「岸田総理もたいしたものだ」と思ったけれども、先生方のお話を伺っていると、それぐらいやはりアメリカで行われている軍事の新しい仕組みといったものが変わってきているということなんですね。

伊藤（海）：ガラッと今、変わっています。

NATO戦略概念（脅威認識）

・1991年　戦略概念
リスクは、中・東欧の経済・社会問題、民族対立・領土紛争

・1999年　戦略概念
リスクは、民族紛争、人権侵害、政治的・経済的不安定
大量破壊兵器拡散、テロ・破壊活動、組織犯罪

・2010年　戦略概念
国際安全保障の海内についてロシアとNATOは協議と協力を強化

・2022年　戦略概念
ロシアは最大・直接の脅威、中国は欧米の安全保障に挑戦

小川（陸）：先ほどの話に出てきたように、現在までのロシアは数を集めての有利な戦いをしていました。けれども、量だけに頼る消耗線一辺倒では戦い方にどこかズレや無駄があるような気がします。

ウクライナが態勢を立て直し、M777などが入ってきたら、ロシアはその後、どうやって戦うのか。また、民間施設などに被害を与え続けるなどとても「公正と信義」にもとづかないような国をウクライナは相手にしているわけです。そうした相手国に対してのアメリカ、NATOの本気の新しい戦い方に、日本としても対応しなきゃいけないということだと思いますね。

伊藤（海）：「岸田政権は駄目だ」とか、特に保守系の皆さんがよく言っていますけれども、私は、岸田政権は安全保障政策をけっこう大胆に変えてきていると思いますよ。

江崎：防衛省、外務省の中にそれなりの人がいて岸田総理を支えている構図がある、ということなんでしょうね。

伊藤（海）：それは間違いないでしょう。外務省も今、局長クラス

が良くて、しっかりしていますよ。

ウクライナ侵攻と台湾有事

江崎：ロシアによるウクライナ侵攻が日本にどういう影響を与えるのか、台湾関係のことを伺いたいと思います。

小野田（空）：ウクライナ紛争が台湾に直接リンクするということはないけれど、中国にとっても、台湾にとっても、非常に大きな教訓を与えているのは間違いないですね。

冗談っぽく言えば、習近平はニヤッと笑っている。習近平からすると、自分たちにとって何が問題で、何が利点なのか、ということをウクライナ紛争は明るみに出した、というところがあります。「ほら見ろ、簡単に台湾を取るなんてできないんだよ」ということを国内向けに言うこと、つまり政権を維持するということにも使えます。あるいは「PLA（People's Liberation Army：中国人民解放軍）よ、ちゃんとウクライナ紛争の中身を見て教訓を整理して、明日にでも台湾を取れるように準備せよ」と言うこともできるでしょう。両方に使えるという側面があります。一方、台湾にとってみれば、「我々は海に囲まれているから大丈夫」というわけにはいかない、ということですね。海に囲まれていることで不利な面もたくさんあります。海洋を封鎖されると外国からの物的な支援が得られない。結局のところ、自分たちだけで戦わなければならないということを、いま一度、彼らは学んだと思います。

先日、アメリカと台湾との三者のミーティングがあって小川さんと一緒に出たんですけれども、彼らが一番関心を高くしていたのは「国民団結」という教訓です。国内にはやはり親中派のような存在がいて、彼らによって国民の団結が崩されてしまうと、戦う前に、台湾はあっという間に崩壊してしまいます。そうならないためにも、情報戦・認知戦の領域でやられないようにする、国民の団結を保つ、ということを彼らは最大の教訓として強調していました。

小川（陸）：「台湾有事は日本の有事」とは、今ではもう常識です。もし有事になったら、どうなるか。攻められてしまっては、一方的に手を上げて「やめてください」と言っても終わらない。相手に取られてしまって降参すれば戦い自体が終わることはありえるんでしょうけれども、取られてしまえば、国家や国民の主権はどうなるのか、そこにいる人たちの統治はどうなるのか、北方四島みたいなことがまた起こるのか、ということになる。そうならないためには、ウクライナが頑張っているように、少なくとも自分たちが主張できる状況になるまで反撃しなければいけない。敵基地攻撃能力を持とうという議論も起きてはいますが、相手に反撃して停戦を強要できるだけの持続的な打撃能力を持つべきです。初動のみならず戦いの終始を通じて反撃によって相手を交渉の場につかせるところまで、自分たちの意志を通せるような持続する打撃手段を持っていないとどうにもならない。そういうことをもう一度学ぶべきではないかなと思います。

江崎：有事が起きた際に、平和を取り戻すためにも反撃能力を持たなきゃいけないということですね。

小川（陸）：はい。軍事力によって奪われたところはちゃんと反撃して取り返す手段がないと、どうしようもないということですね。

江崎：伊藤先生はいかがでしょうか。

伊藤（海）：ご承知の通り、台湾というのは非対称戦略（軍事力、戦略、戦術が大幅に異なること）なんですね。端《はな》から「中国と同レベルの空母を持って対等になろう」という戦略ではなく、まさに非対称のままどう戦うかというのを長年、考えているわけです。その中で今回のウクライナを見ている。「非対称のままでとは言っても、やはり火力の差があれば不利になるな」とか、いろいろなことをいま考えていると思います。ただ、もちろん台湾には、当然のように反撃する意思がある。立派だなと思いますね。先ほど小野田さんがおっしゃったような「国民も認知戦で中から崩されないようにせよ」という話は、2021年の台湾の国防報告書にも明確に書いてあります。そして、「我々は国を守る。自分たちで守る」と言っている。誰もアメリカにも守ってもらおうと思っていないし、いわんや日本に守ってもらおうなどとは思っていない。日本の保守層などからは「日本も台湾と一緒に戦えるようにせよ」と言う声も聞こえてきますけど、台湾はそんなこと、思っていません。自分で戦うつもりでいます。「日本やアメリカはパートナーとして同じ方向を向いていてくれ」というのが、彼らがずっと言い続けていることです。「ブレないでサポートしてくれ」ということですね。

そこから派生して、もし台湾が戦場になったら、日本も攻撃の対象になります。だから、「台湾有事は日本の有事だ」という話をしているわけです。「台湾に行って一緒に戦おう」みたいな論調は、ちょっとまじめに考えた方がいい。

一番の問題は、未だに台湾駐在の日本の駐在武官がOB（退職した自衛官）ということです。「台湾と一緒に戦え」と唱える勢いのいい人たちがいる一方で、台湾本島に現役自衛官を送っていないんですね。こんなかっこ悪いことをやっているのは日本だけです。いい加減にまず現役自衛官をちゃんと送ること。それも、最初に起きるのは海空の戦争ですから、海空自衛官をしっかり送る。現役の人たちでしっかりやれるメカニズムなどをつくらなければいけません。気合いで喋っている人たちは、そのあたりをもう少し知った上で言われた方がいいと思います。

第六章

第四次台湾危機と
安倍元総理の功績

本章は「チャンネルくらら」2022年8月3日に配信された動画「陸・海・空 軍人から見たロシアのウクライナ侵攻」第10回前編にもとづき編集作成したものです。

ウクライナ侵攻の主な出来事〈2022年7月後半から8月初旬〉

7月22日 ゼレンスキー大統領がウォール・ストリート・ジャーナルの取材に答え、ロシアがウクライナ領土を支配し続ける形での停戦はさらなる紛争拡大を招き、ロシアに次の作戦に向けて軍の立て直しを図る絶好の機会を与えることになると危機感を表明。

7月23日 オデーサ州の当局者などは、黒海に面したオデーサの港が、ロシア軍のミサイル攻撃を受け、2発が着弾して港湾施設が被害を受けたと発表。ロシアとウクライナはトルコと国連を仲介役として、輸出の再開に向けオデーサなど3つの港から船を安全に航行させる手順などについて、7月22日に合意した直後の行為。

7月24日 アメリカの高官が供与したハイマースがもたらす破壊力を削ぐため、ロシア軍が兵力の展開場所の変更などさまざまな対応策を講じている兆候があるとの分析を明確化。NASAが提供している観測データによると、ハイマースの導入以降、ロシアが完全支配を狙う東部ドンバス地域（ルハンスク、ドネツク両州）で火災が減っていた。大規模砲撃の減少によるものとの推測。

7月27日 ロシア国防省は、ドネツク州にあるウクライナ軍の指揮所4カ所を破壊したほか、ミコライウ州や南東部のザポリージャ州にある弾薬庫をミサイルで攻撃したと発表

7月28日 イギリス国防省は、ウクライナ軍がロシア占領下の南部ヘルソン州で攻勢を強め、戦略的要衝である州都ヘルソン市が事実上、周囲から孤立したとする分析。ロシア軍は侵攻開始後の早い時期にヘルソン州を制圧したが、占領地の「防衛」で劣勢にまわり始めた可能性大。

7月29日　ゼレンスキー大統領は、親露派に支配されている東部ドネツク州オレニウカで、ロシア側の収容所への攻撃で50人以上のウクライナ側の捕虜が死亡したと、SNSに投稿。この攻撃をめぐってはロシア国防省が同日、「ウクライナ軍の攻撃を受けた」と発表。赤十字国際委員会は、「すべての捕虜は国際人道法で保護されており、攻撃されるべきでない」との声明を発表。同委員会は現場への立ち入りを求め、負傷者の避難の支援を申し出たことも表明。

7月31日　ロシア軍兵士がウクライナ軍兵士と思われる男性の性器をカッターで切り取り、殺害するなどの様子がインターネット上に投稿される。アムネスティ・インターナショナルは、ロシア軍の人命軽視を表す明白な例として、責任追及と戦争犯罪の捜査を呼び掛けた。これを受けてウクライナ政府は、捕虜に対する拷問の容疑で捜査を開始。

8月1日　ウクライナの警察当局は、ミコライウ州に約40発のミサイル攻撃があり、集合住宅や宿泊施設など70カ所以上が被害を受けたと発表。ミコライウのセンケビッチ市長は声明で、建物の窓やバルコニーがクラスター爆弾で破壊されていると報告。「これまでで最も激しい攻撃だろう」と述べた。この攻撃でウクライナ最大級の穀物生産・輸出企業「ニブロン」の創業者オレクシー・ワダトゥルスキー氏と妻のライサ氏が死亡。

8月2日　ロシア最高裁は、ウクライナのアゾフ連隊を「テロリスト」組織に認定。これにより、所属隊員に長期の拘禁刑を科すことが可能。

※防衛省ＨＰ「ウクライナ関連」や各種報道、ウィキペディアなどを参考に作成

これからは無人機の時代か？

桜林：大ヒット映画の『トップガン　マーヴェリック』はご覧になられましたか？　この映画の影響で戦闘機パイロットになりたい若者が殺到しているという話もあります。

小野田（空）：防衛研究所（防衛省の政策研究の中核を担うシンクタンクで、安全保障に関する学術研究・教育を行う国立機関）の防衛政策研究室長で、よくテレビにも出ている高橋杉雄さんと一緒に『マーヴェリック』について対談したものが『週刊現代』（2022年7月9日号）に掲載されました。その中で、高橋さんが話していたことですが、実は『トップガン2』というのは、アメリカの国防戦略の専門家の間ではブラックジョークだったといいます。

前作『トップガン』が公開されたのは冷戦期の1986年で、当時使われていた機種はF－14トムキャットでした。その後、紆余曲折を経てF－18に替わりますが、ロシアや中国の戦闘機に対する優位性を維持するために、新型機F－35に更新されることが予定されていました。しかしその開発スケジュールが大きく遅れたため、2010年代前半になっても前作の時代と戦闘機がたいして新しくなっていないという状況でした。そのため専門家の間では、「『トップガン』の続編を撮るといっても、どの機種を使うんだ？　まだF－35は使えないだろう？　今撮ったら前作と同世代の戦闘機だぞ」といったブラックジョークが囁《ささや》かれていたわけです。

結局『マーヴェリック』ではF－18E／F（スーパーホーネット）が使われました。映画の撮影が開始されたのは2018年でしたが、F－35の艦載機バージョン、F－35Cが実戦配備され始めたのが2019年初頭でした。映画の公開は、当初は2021年の予定がコロナウイルスの影響で2022年となりました。この頃にはF－35Cの配備も進んでいましたから、「何で最新鋭のF－35が使われていないのか？」という疑問が出ました。実は映画の中で秘密作戦にF－35が使えない理由を将軍が説明しています。その内容は、映画を観てのお楽しみということで、今回はその指摘だけにとどめておきたいと思います（笑）。

『トップガン』（1986）©Photofest/アフロ

小川（陸）：それはありがたいです。私はこれから見ますので（笑）。

小野田（空）：『マーヴェリック』の見所はたくさんありますが、現実世界のこれからの戦争を考える上で、重要なことが映画の中に描かれています。たとえば冒頭のシーンで、海軍少将が「君たちのようなパイロットは絶滅する」「これからは無人機の時代だ」と示唆するシーンです。

桜林：今のウクライナ戦争に通じる象徴的な話ですね。

次世代への戦略が周回遅れの日本

小野田（空）：実際、ウクライナでも戦闘機同士が戦う場面はほとんどなくて、脚光を浴びているのは無人機「バイラクタルTB2」です。実はバイラクタルだけじゃなくて、無人機は砲撃目標の捜索・位置評定などにも多用されています。そういった無人機の活用がすでに現実の世界では起きている。

桜林：映画はヒューマンドラマなので、当然人間が必要だという話になっていますが、実際のところはどうなっているんだろうという疑問はありました。無人機の有効活用は、航空自衛隊にとっても大きな課題になるんじゃないかと私は思っています。それでもやっぱり人が戦闘機に乗ってスクランブルするような形の方がいいのでしょうか？

小野田（空）：象徴的な例を挙げると、米空軍が今つくっている最新型の秘密の戦闘機は、実は現在の「第5世代」に続く「第6世代戦闘機」とは呼んでいません。「Next Generation Air Dominance（次世代航空支配）」、略して「NGAD（エヌガド）」と言っています。次世代の航空優勢をどのようにして確保するかという課題に対して、それを果たす役割は必ずしも有人戦闘機ではないということを象徴しているんです。

では、実際にどんなビジョンが描かれているのかというと、これは推測を含みますが、有人戦闘機と無人戦闘機がチームを組んで、ミッションごとにそのチームを組む無人戦闘機のタイプが変わってくる。そういうチーミング（より良いチームワーク構築のためにチームの最適化を模索・実践し続けること）のようなものが考えられているようなんです。たとえば、航空優勢を確保するために相手の地対空ミサイルを攻撃するといった時に、実際に有人戦闘機が発射のボタンを押すのではなくて、ある無人機が囮《おとり》になり、別の無人機が地対空ミサイルを発見し、さらに別の無人機がミサイルを撃つ、というような役割分担をする。その全体を有人機に乗った人間が安全なところから指示をする、というイメージのものが考えられているようです。この辺が一つのヒントになるのかなと思いますね。

伊藤（海）：経営修士論でいうところの「アズ・ア」モデルですね。最近では「as a Service（サービスとしての)」を略した「○ａａＳ」の形の「アズ・ア・サービス」モデルが有名です。ソフトウェアの「ＳａａＳ(Software as a Service：サース)」、モビリティの「ＭａａＳ(Mobility as a Service：マース)」など、製品そのものを売るのではなく、製品をサービス化して売るという発想に世の中が変わってきています。たとえばトヨタでも最近は「車を売る」ではなく「モビリティ(移動手段、動きやすさ)を売る」という方向にシフトチェンジしていて、もはや車そのものに焦点をあてているのではありません。アプリにしても、今はユーザーがソフトウェアのパッケージ製品を購入して自分のパソコンにインストールして稼働するのではなく、月額使用料を払ってアプリで必要な機能をサービスとして利用する形(ＳａａＳ：サービスとしてのソフトウェア)が多いですよね。

軍事にしても民間にしても、世界では今、そのようなものの見方、切り口を変える考え方の時代になっていて、欧米はとっくにその方向に進んでいるわけです。日本は相変わらず防衛力整備で護衛艦がいくら、とやっていますが、世界はそうじゃない。日本は考え方が古い。

桜林：中国はドローン一つとっても日本をはるかに上回る量を持っています。緊急発進(スクランブル)にしても、どんどん消耗戦になっていく。

伊藤(海)：どうやって航空優勢を取るかが目的で、そのために何を使うかという手段は、次に考える必要がある。ところが日本は順序が違っていて、「戦闘機じゃなきゃだめ」という手段ありきの思考過程に固執する。いわゆる旧思考から抜け出せないいんだけど、欧米は違う。手段はこれしかない、などという100：0の話じゃなく、それもあるしこれもある、うまく組み合わせて考える。目的を達成するために、多様な手段から選択するという話です。ビジネスモデルの世界はとっくにそうなっている。

小野田（空）：でもね、難しいんですよ。年末（2022年）にかけて、政府から「防衛戦略3文書」が出されます。①国家安全保障戦略、②防衛計画の大綱、③中期防衛力整備計画（中期防）の3つですね。

中期防は日本の防衛力の整備、維持、運用などに関する中期的な計画で、防衛計画の大綱にもとづいて策定され、国家安全保障会議と閣議で決定されます。5年間の防衛関係費の総額と主要装備の整備数が具体的に盛り込まれ、これをもとに各年度の防衛力整備が実施されます。しかし、現実には5年先を見通すというだけでも難しいのに、15年先、20年先を見通して、その最初の5年を定義しなきゃいけない。さっきの無人機の話などを盛り込みつつ、現実にどうやって対応していこうかという話です。たぶん現役の皆さんは相当苦労されていると思います。

こと無人機に関していうと、伊藤さんが厳しくご指摘された通り、やはり日本はまだちょっと発想自体が遅れているので、そこは急速にキャッチアップする必要があると思います。

桜林：コスト・インポージング（相手に負荷をかけてコストを支払わせること）されている状況ですからね。

小川（陸）：今、「5年後を見据えて」という話が出ましたが、「5年後こうなるからこうしよう」という受け身の発想ではなく、「5年後はこういう時代をつくろう。将来こうしたいから、こういう世界を描こう」と能動的に考えることが重要です。将来の着地点を変えて、未来像をつくり上げて、頭の中でその像を実現するための企画を考えて、どうすればそこに向かっていけるのかと、時間やいろんなアセット（資産）を使って実効策を具体的に考えることが必要です。

ところが受け身になると、「これも要る。あれも要る。こういうものが必要かもしれない」という発想になってしまう。受け身にならずに自分で能動的に世界を変えるという発想に変えた方が私はいいと思います。それが本来の戦略だと思っています。

桜林：どうしても泥縄式になりかねないということですね。

小川（陸）：そうです。だから、どうしても遅れる。米国のオスプレイなんて完成まで40年ぐらいかかっていると言われていますが、出てきた時はジャストタイミングに近かったと思います。当初は「こんなドラえもんの道具のようなものが本当にできるのか？」と思われていましたが、改善の努力にはかなりの時間がかかったものの必要な時期には間に合いました。このように、出発点は早ければ早い方がいい。ミリタリースペック（米軍の軍用規格適合品）のものをつくろうとした場合、どうしても時間はかからざるをえません。でも、出発点を早くすれば、必要なタイミングに間に合う。反対に、出発点が遅いと、後ろへ延びてしまい、しようがないから外国から買わざるをえないということも起きてしまう。

桜林：どうしても、後手後手になってしまうんですね。

ロシア・ウクライナ、両軍ともに損害は大きい

桜林：さて、ウクライナの話に入っていきたいと思います。すでにロシア軍が2万5000人の兵士を失っていると報じられていて、アメリカの戦争研究所のデータを英紙「フィナンシャル・タイムズ」が計算したところ、2月12日の時点でロシアは5月1日と比較して支配下に置く地域をおよそ5％しか増加させていないということがわかりました。これでロシアは勝つことができるのか。そこで、損害見積もりの話をしていただこうと思うんですけども、小野田さんいかがでしょうか？

図① ロシア／ウクライナ両軍の損害（2022/7/27）

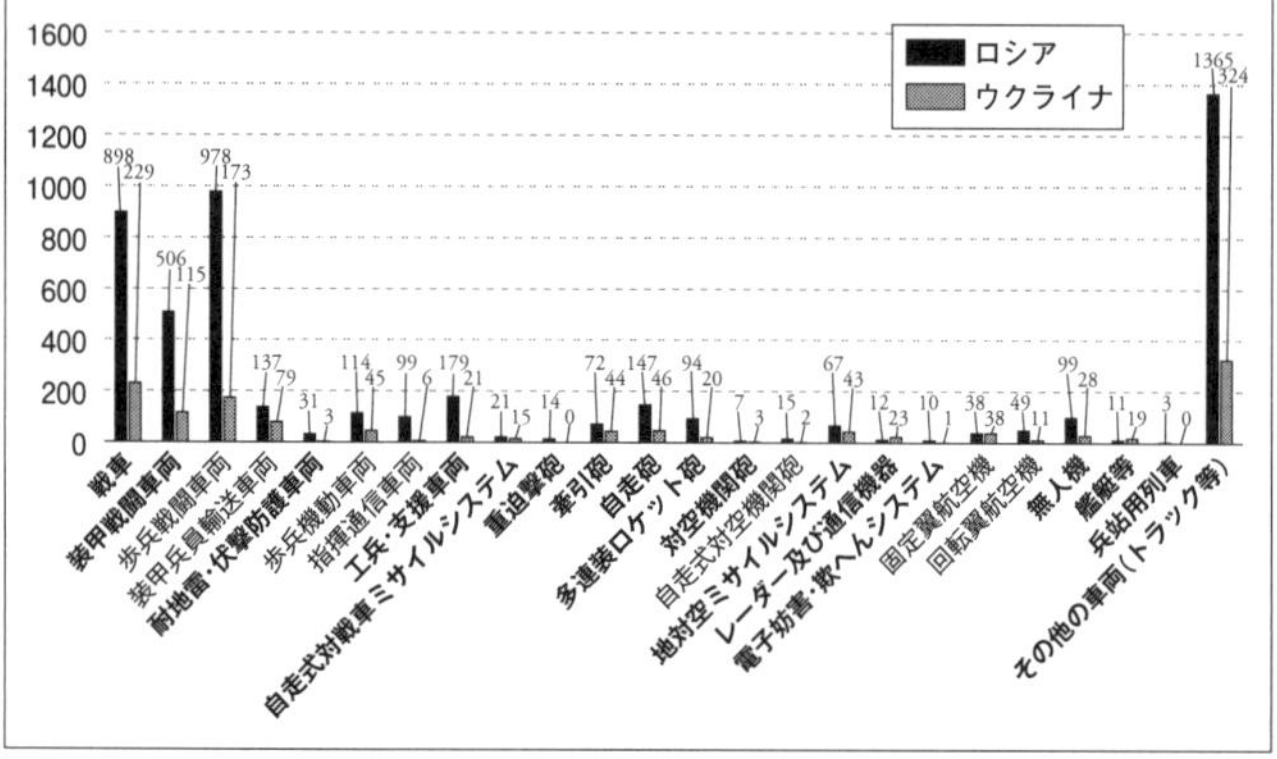

オランダの軍事情報サイト「Orxy」の情報をもとに作成

小野田（空）：3つのグラフを用意してきたのでご覧ください。ソースはOryx（オランダの軍事情報サイト）というノンガバメントのソースです。

これらの数値はウクライナのさまざまな市民から送っていただいた写真を精緻に識別して、識別できたものだけをカウントしています。したがって、損害としては、たぶんミニマムミニマムになると思います。確実だけれどもミニマムです。だから、この上にさらに〝報告されていない損害〟がおそらくあるだろうという前提で見ていただきたいと思います。

それから、戦場はウクライナであるため、公平なカウントになっているかどうかは若干、疑問があります。たとえば、ウクライナが隠してしまえば、ウクライナ側の損害はいくらでも小さくすることができるからです。したがって、そういうバイアスがありうるという

図② ロシア軍の損害（2022/5/26｜2022/7/27）

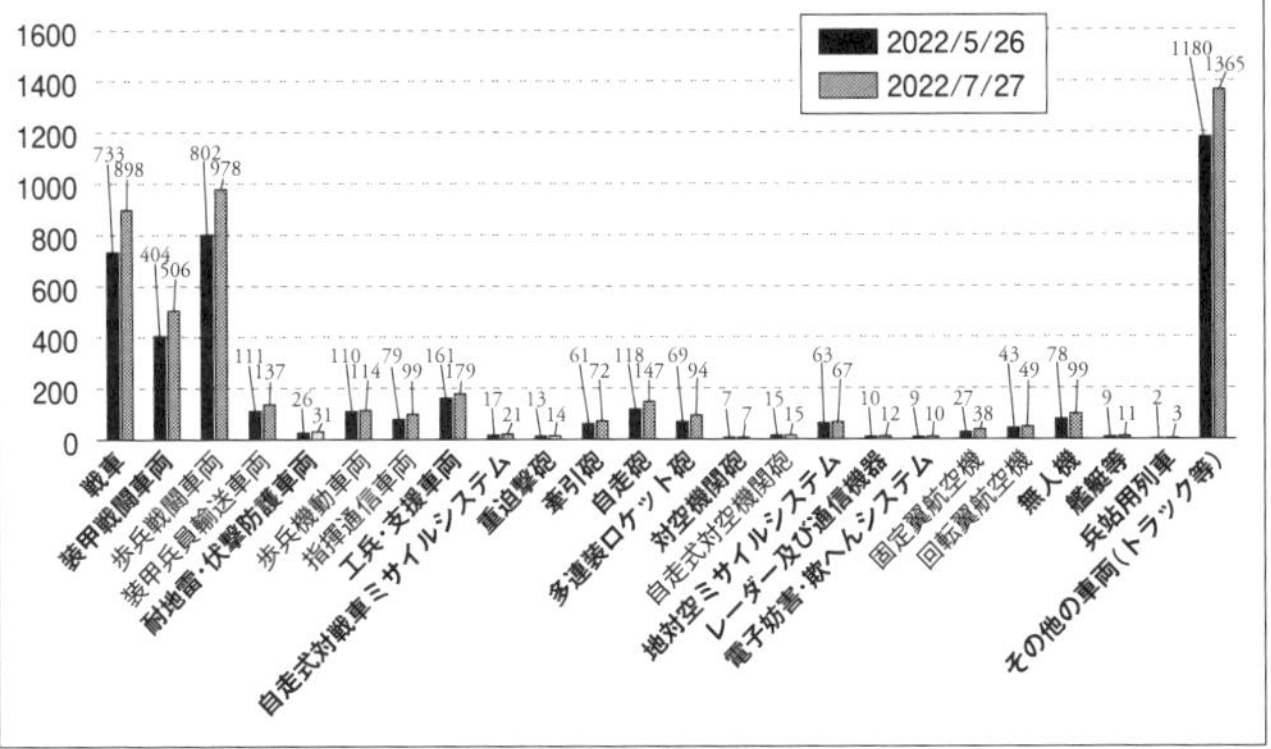

オランダの軍事情報サイト「Orxy」の情報をもとに作成

ことも事前に申し上げておいた上で参考にしていただければと思います。

図①はロシアとウクライナ両軍の損害を並べたグラフです。種別で「戦車」「装甲戦闘車両」などと非常に細かく分かれています。一番右には「その他の車両（トラック等）」とありますが、いずれもロシア軍の方に損害がかなり多く出ています。ただし、先ほど申し上げた通り、これが正確かどうかはわかりません。

ただ、ロシアがこれまでに公表したものも、ウクライナがこれまでに公表したものも、どちらも相当バイアスがかかっています。何を見て判断をするか、ということに関していえば、このOryxは一つの指標を提供していると思います。したがって、ロシア・ウクライナ両軍の損害数の差にどのような意味があるのかをあまり斟酌《しんしゃく》しない方がいいでしょう。

図③ ウクライナ軍の損害（2022/5/26 | 2022/7/27）

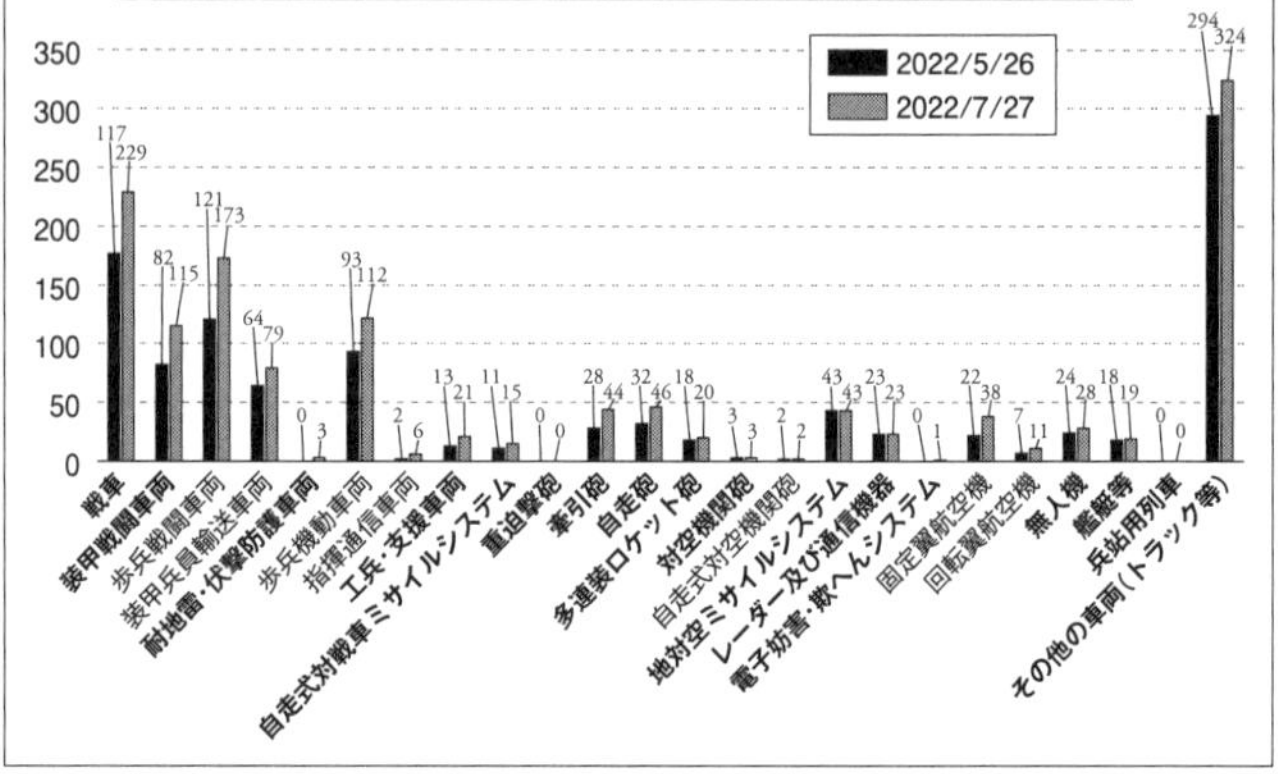

オランダの軍事情報サイト「Orxy」の情報をもとに作成

次に図②のロシア軍の損害推移を見てください。これは私が5月26日にまとめたものと7月27日にまとめたものを棒グラフで横に並べて、差を示しています。1カ月の間にどれぐらいの損害が積み重なっているのかを比較しました。たとえば、戦車はだいたい160両ぐらい積み上がっていることがわかります。装甲車も含めると相当な数の損害が積み重ねられています。

これを図③のウクライナ軍の損害推移のグラフと比べてみると、ウクライナ軍の損害も、トータル数としてはロシアほどではないものの、増減比率でみると、たとえば戦車の損害、それから装甲車の損害がかなり累積していることがわかります。

小川さんが以前からおっしゃったように、戦闘は消耗戦になっていて、ロシアが相当な損害を受けているということがここで裏付けられるわけです。しかし、実はウクライナ軍もかなり傷んでいることがわかります。

したがって、補給がどの程度続くのかが焦点です。最近では、戦車・装甲車の類の損害だけでなく、ロシア軍が弾薬を消耗しすぎていることや、ミサイルが枯渇し始めているといった評価がイギリスやアメリカの情報部からも出ています。一方、ウクライナの方も、アメリカやNATO諸国から次々に支援を受けてはいても、両軍とも補給が追いついていないのが現状です。現時点で見ると補給が不足がちであるという点は、客観的に見た時に言えることではないかと思います。では、そこからどういう評価を加えるか……そこは小川さんにお任せします（笑）。

ロシアを苦しめるHIMARS（ハイマース）の威力

桜林：小川さん、東部ドンバス正面も含めて、今のこの戦況について解説をお願いします。

小川（陸）：7月上旬頃には、リシチャンスクからセベロドネツク一帯地域に戦闘の重点が移りました。それはドンバス地域全域をロシア軍が確実に収めようとしている段階だったからです。その1カ月半前にはマリウポリを陥落させたこともあり、ロシア軍が東部ドンバス地域に戦闘の

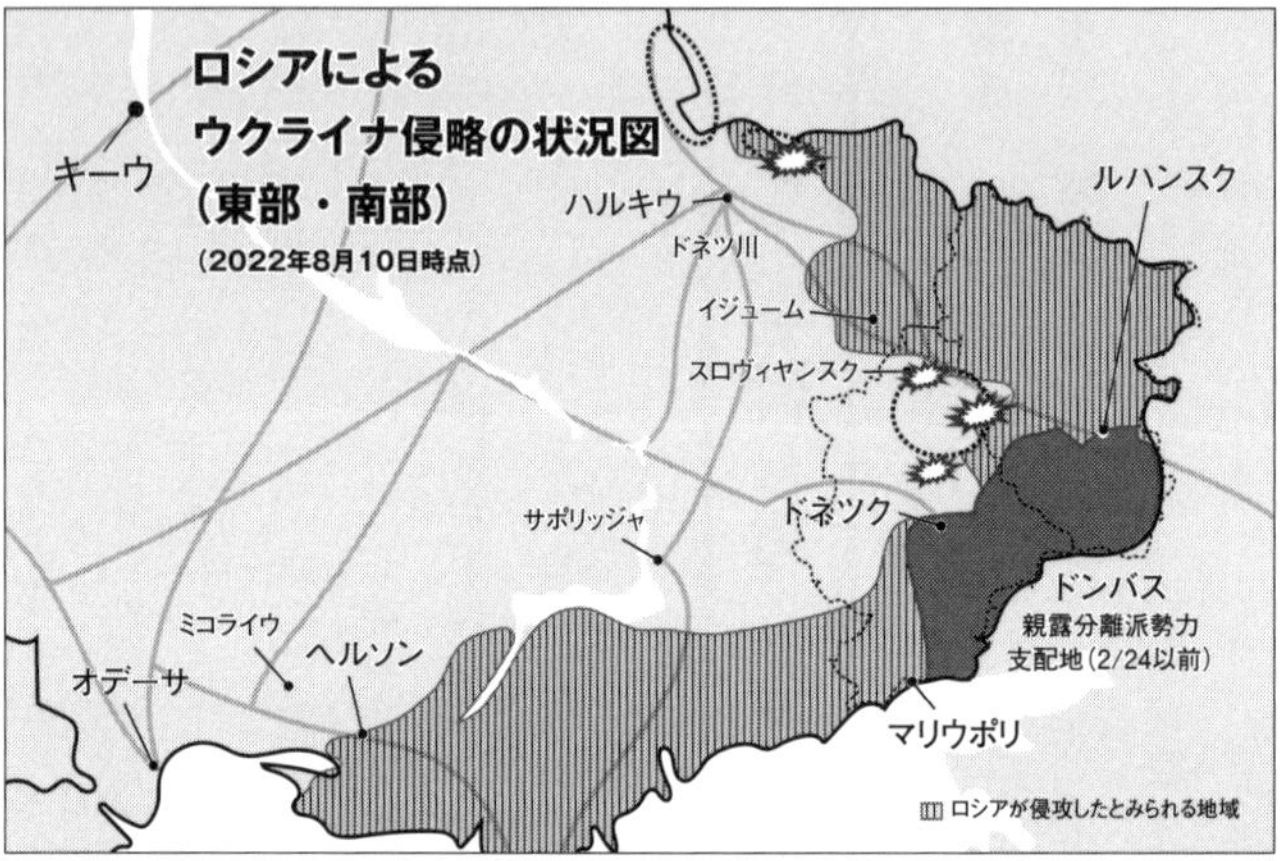

ロシアによるウクライナ侵略の状況（東部・南部）［防衛省 HP などの資料をもとに作成］

重点を移していました。

2022年7月下旬以降は、南部地域のヘルソンとザポリージャ付近に対するロシアの攻撃が活発になっています。ロシアのラブロフ外相が7月20日に「(制圧目標は) 東部・ドネツク州とルハンスク州だけではなく、南部・ヘルソン州とザポリージャ州など多くの地域が含まれている」と発言しています。

一方、ウクライナ軍の火力もかなり威力を増して反攻に出ています。このため、東部はやや膠着《こうちゃく》状態に近いところまで戦況を回復しています。7月以降は、ロシア軍が東部地域にかなり火力を転用してきた感じがありました。その攻撃に対して、ウクライナ軍は防御陣地でどうにか食い止めて、包囲されることもなく、計画的に少し下がりました。「リシチャンスクにはもう守るべきものがない」という主旨のことをルハンスク州のガイダイ知事が発言していたように、ひとまず自主的退却して戦線をもう一度整理したような状態です。

北部のハルキウ正面の戦況は、「緩」な状態というか、戦闘状況のやや激しかった東部に比べると散発的な戦闘状態が継続しています。南部ヘルソン州方面の戦況ですが、特にドニエプル川以西ではロシア軍の攻撃をウクライナ軍が効果的な戦い方によって阻止している状態です。

桜林：報道によるとウクライナがロシアの弾薬庫や司令部への攻撃を成功させているといいます。アメリカから入手したＨＩＭＡＲＳ（ハイマース）などを使ってロシアの補給線を遮断できるのではないか、という話もありますが、どうご覧になっていますか？

小野田（空）：ＨＩＭＡＲＳは現時点で12基まで支援する約束がなされていますけれども、実際にウクライナの中に入っているのはたぶん8基ぐらいだと言われています。8基だけれども、1基あたりミサイルを6発搭載することができて6発同時に撃てるから、弾数としてはかなりのものになります。しかも全部、精密誘導なのでほぼ確実に命中します。射程が長いのも特徴です。ロシアはこれに対抗する手段を持っていません。射程が長いからロシア軍の後方の補給拠点を打撃する成果をあげていると評価されています。

桜林：補給路を断つことに成功しているわけですね。

小川（陸）：そうですね、おっしゃる通りＨＩＭＡＲＳは射程が70㎞もあり、後方地域も射程範囲に収めることができるようになっています。しかも、精密誘導弾で撃てるから命中率が非常に高く、90％はあると言われています。

また、射撃後の陣地移動に要する時間が20秒と極めて短いため、防護能力も高いと言えます。陣地移動に要する時間というのは、たとえばロシア軍がＨＩＭＡＲＳの射撃位置を特定してその陣地を狙って撃ったとしても、発射から着弾するまでの飛行秒時は20秒以上かかるため、その間に移動して被害を避けることができます。

ＨＩＭＡＲＳが戦況に対していったいどういう意味を持つかは、これは前章のおさらいになりますが、「ランチェスターの第二法則」が参考になります。

ランチェスターの法則は戦闘において敵味方の戦闘員の減少度合いを数理モデルにもとづいて予測するものですが、剣や弓矢で戦う古典的な戦闘に関する法則である第一法則に対し、近代戦の損耗を予測するのが第二法則です。

両軍の榴弾砲の性能、寸法・重量などの諸元は同等とし、砲の門数は、各陣地10門と仮定。ロシア・ウクライナ両軍の最初の砲門数をロシア軍側は10＋10＋10＝30門、ウクライナ軍側を10門とすると、ウクライナ軍の砲が攻撃によりゼロになった場合、ロシア軍の砲門数は28・

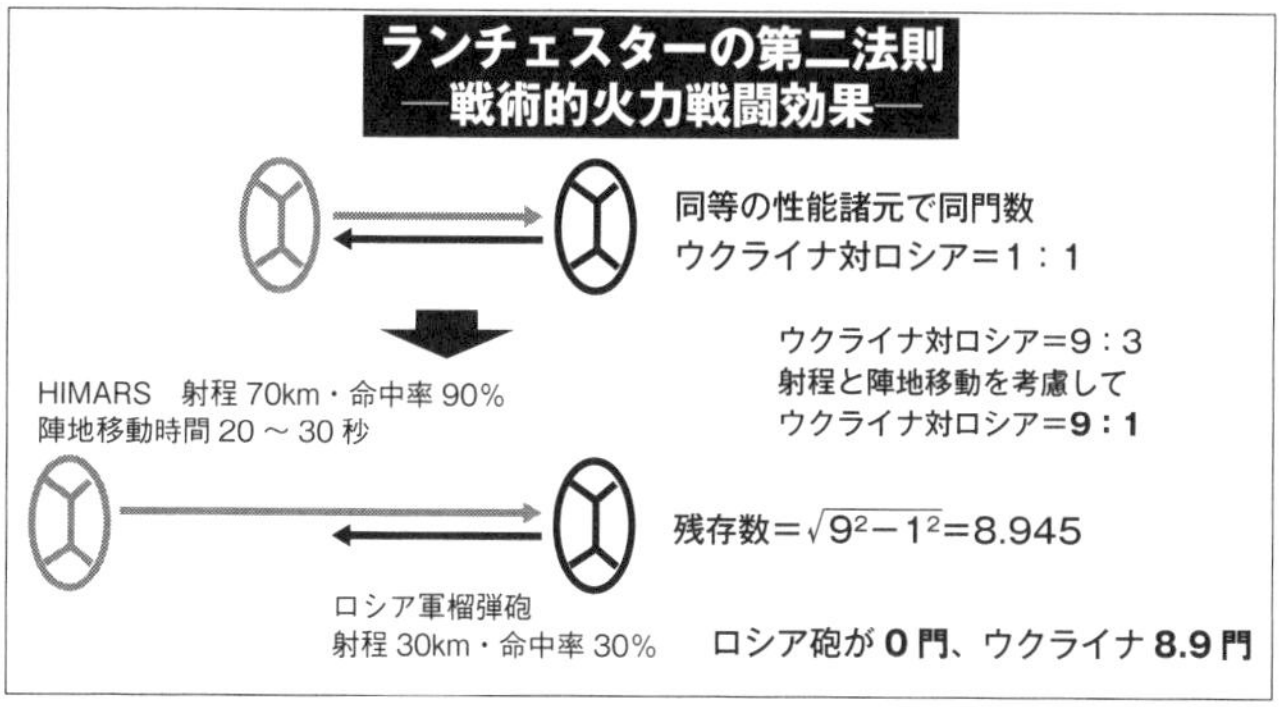

著者・小川清史作成

3門となります（計算式は第五章198ページの式を参照）。つまり、ウクライナ10門から0門に減る間にロシア軍の30門は30－28・3＝1・7門、すなわちロシア軍の犠牲は2門もやられないで済む。これは両軍の兵器性能や命中率が同じ場合の残存砲門数差です。

しかし、これにHIMARSが加わるとどうなるか。

HIMARSの射程を70㎞で、命中率90％、陣地移動時間が20～30秒とする。対してロシアの榴弾砲の射程を30㎞、命中率30％ぐらいと仮定すると、命中率だけでも3倍ウクライナが優位な状況になります。仮に砲門数を両軍1対1だとすると、命中率の差からウクライナ対ロシアが9：3、さらに射程距離と陣地移動時間を加味すると9：1くらいの差になると仮定できるでしょう。

これをランチェスターの第二法則で計算すると、残存数は8・945門です。つまり、ウクライナ軍はHIMARSの

S-300「ロシア連邦軍の長距離地対空ミサイル」

S-400「トリウームフ」

被害をほとんど受けないで、ロシアの火砲をほぼ全滅させることができます。

ロシア軍は長距離地対空ミサイルシステム「S－300」や「S－400」を対地上モードにして攻撃しているようですが、HIMARSにはほとんど当たらないと思います。したがって、ウクライナはほぼ損害なしで、ロシア砲だけがどんどんやられていくという状態になっているのではないか、ということですね。南部地域と東部地域がそういう状況でしょう

桜林：S－300の命中率はそんなに低いものなんですか？

伊藤（海）：本来は対空ミサイルで、空中を飛行している標的を撃ち落とすためのものですからね。それを地上モードにして撃っているわけですが、そういうモードがあるとはいえ、やっぱり当たる確率は悪いんですよね。

小川（陸）：S－300は援護射撃的な役割です。砲に当たらなくても兵士やレーダーに当たれば、情報が取れなくなるなどの損害を与えられるかもしれません。先の試算でもその点を考慮しています。試算に使ったのはすべて仮の数字ですが、実際のところHIMARSを相手にしたロシア軍の砲は限りなくゼロ門になる一方、HIMARS側はS－300に偶然やられない限り、損害はほとんど起きないかもしれない、ということがこの第二法則から言えると思います。それぐらいHIMARSの能力、効果が高いということですね。

桜林：HIMARSが提供されていくということが非常に大きなポイントになるということですね。

小川（陸）：そうです。射距離が長い、すぐに陣地変換ができる、命中率が非常に高いという利点によって、10門と30門という戦力差でも、ウクライナが有利になっていく。HIMARSとはそういう兵器だということです。もちろん、ロシア軍の情報を取るためのレーダーや、無人機や最前線で戦う兵士の働きも考慮しなければなりませんが。士気高揚策としてHIMARSの歌もつくられていましたね。

桜林：あれはびっくりしました（笑）。

伊藤（海）：まさに圧倒的なんです。

小川（陸）：ウクライナの損害は0・1あるかないかだから、ほぼ損害を受けていないかもしれません。

小野田（空）：流れを一変させるゲーム・チェンジャーですよね。序盤戦のゲーム・チェンジャーは、ドローンの「バイラクタルTB2」で、これもやっぱり歌になりましたね。あれから5カ月経って、またゲーム・チェンジャーになりつつあるのがこのHIMARSです。

伊藤（海）：結局、こっちも歌にしちゃった（笑）。

桜林：その辺の士気の盛り上げ方が、今回の戦いにおけるウクライナの興味深いところですよね。

小野田（空）：小川さんがおっしゃったランチェスターの法則の通り、おそらくHIMARSはすごい効果を発揮しているのでしょう。アメリカの情報部もイギリスもそのように評価しています。

問題は補給です。ウクライナ軍がHIMARSを100基欲しいと言っているのに対して、アメリカ側は12基しか約束していない。アメリカの支援は、「大統領ドローダウン権限（PDA）」といって、大統領が決心すれば議会の承認なしに米軍の在庫をすぐに供給できるという支援形態が中心ですが、これだけでは足りない場合も出てくる。その際には、「ウクライナ安全保障支援イニシアチブ（USAI）」という別の法律に従って軍事産業に発注することもできます。

しかし、新たに発注するため、完成するまでの製造リードタイム（発注してから納品されるまでの時間）が生じます。

たとえば、自爆型のドローン「フェニックス・ゴースト」を例にあげると、最初は大統領ドローダウンで米軍が持っていたものを供給したところ、これがかなり使えるということで、ウクライナ側から追加で欲しいと言われた。その追加分を今、製造会社に発注していますが、納入までには少なくとも2、3カ月はかかる。おそらくこういう状況が予想されたので、ウクライナはリードタイムを考慮してHIMARSを100基欲しいと言ってきているのでしょう。

核魚雷ポセイドンが600mの津波を起こす⁉

桜林：これは伊藤さんにお聞きしたいのですが、驚いたことに、7月初旬にロシア海軍に報復核攻撃が可能な巨大潜水艦が引き渡されたと報道されました。

伊藤：全長184mを超える潜水艦「ベルゴロド」ですね。でも潜水艦よりも脅威と認識されているのはそこに搭載する直径2mの核魚雷「ポセイドン」です。これは数メガトンの弾頭を複数運ぶことが可能と言われています。

桜林：直径2m!?

伊藤（海）：ですからちょっとしたバスみたいな大きさですね。そのサイズの魚雷を6発も積むことができる。

桜林：何でそんな大きいものを？

伊藤（海）：そう、わけわからんでしょう？　しかし、私が初めてこの話を聞いたときには、プーチンはすごい発想力があると思いました。プーチンはイノベータですね。

魚雷であれば、アメリカの弾道ミサイル防衛網（BMD）も突破できるし、水中で爆発させれば汚染水による600mあまりの津波を起こすこともできるといいます。でも「何それ？」というような話で、西側諸国は分析に困っている。ロシアはそんなものをまじめにつくっちゃったんですよ。

この潜水艦自体はオスカーII級潜水艦といって昔からあるものです。いわゆる巡航ミサイル原子力潜水艦（SSGN［Subsurface Guided missile Nuclear powered］）ですが、ベルゴロドはそれを改造して設計され、通常の巡航ミサイルではなくて、巨大な核魚雷のポセイドンを搭載しています。

小野田（空）：ということは「垂直ミサイル発射システム（VLS）」は装備していないんですか？

伊藤（海）：VLSではないと思います。

小野田（空）：ということは魚雷発射管の方に大きなスペースをとっている？

伊藤（海）：そうだと思います。

小野田（空）：じゃあSSGN（巡航ミサイル原子力潜水艦。SS＝Submersible Ship：潜水艦、G＝Guided missile：誘導ミサイル、N＝Nuclear powered：核動力）じゃなくて何て呼ぶんでしょうね？

伊藤（海）：一応SSGNのままのようです。だけど「何だそれ？」みたいなものですよね。

桜林：潜水艦に乗っている人たちも魚雷を発射したら大変なことになりそうですね。

伊藤（海）：射程がすごく長い魚雷です。ポセイドンは原子力推進で、2メガトンの核弾頭を搭載して最大1万kmの距離を潜航可能とされています。発射した自分たちの安全を確保するため、遠くの目標を撃つ。水中の核兵器は基本的には第二撃能力（相手か

ロシア原子力潜水艦「ベルゴロド」©TASS/アフロ

ら第一撃を撃ち込まれた際の報復攻撃）として使うものです。でも、ＳＬＢＮ（潜水艦発射型弾道ミサイル）のように、ＩＣＢＭ（大陸間弾道ミサイル）が撃たれた後に水中から敵の首都などを破壊するため上空に撃つのではなく、水中から相手の港に向けて撃つというもので、正直、僕らの発想ではありえないというか、理解不能なものです。

「第三の波」で見るロシア軍とウクライナ軍

桜林：小川さんはロシア軍とウクライナ軍の現状をどのように分析されていますか？

小川（陸）：１９８０年頃にアルビン・トフラーが出した理論「第三の波」を参考にすると、ロシア軍とウクライナ軍の状況が見えやすいのではないかと思います。

アメリカ陸軍は新しいドクトリン「エアランド・バトル・ドクトリン」をつくるときに、トフラー夫妻と議論をしたといいますし、作戦術などもそのベースは「第三の波」[※1]にあると思われます。

トフラーは、「第二の波」時代の社会一般に見られる特徴として、規格化、分業化、同時化、

ロシア地上軍	
第二の波（戦術的）●	第三の波（作戦術的）
規格化●	多様化（状況適応）
分業化	システム化△
同時化●	シンクロナイズ化
集中化	分散化△
極大化△	精密化（ピンポイント誘導）
中央集権化●	分権化（ミッション・コマンド）

『第三の波（A・トフラー著）』を参考に小川清史作成
（注：●は該当、△はどちらかといえば該当）

集中化、極大化、中央集権化を挙げています。実際、ナポレオン時代から第一次大戦、第二次大戦までの軍隊はこれに近かった。すなわち、規格化された手段で職種に分業化して、同時にたくさんの弾を集中した飽和攻撃をする。部隊はでかければでかいほどいいし、戦闘艦もでかいほどいい。そしてそれらを、中央集権によって統制していく、というのが第二次大戦までの基本的な軍隊のあり方だったわけです。

これを踏まえて、今のロシア地上軍はどういう状態にあるのか。上図では各項目に●と△を付して第二と第三の各波のどちらに片寄っているかを示したつもりです。この図の第二の波の各項目はトフラーが設定したものを使っていますが、それらに

※1　第三の波：アメリカの未来学者アルビン・トフラーが著書『第三の波（The Third Wave）』（1980）で提唱した概念。トフラーは、現代文明が農業革命（第一の波）、産業革命（第二の波）という二つの大変革を経て、情報革命という第三の波のうねりの中にあるとし、情報化社会の実現を予言した。第三の波の文明は、第二の波の文明（工業化社会）に見られた規格化、専門化、同時化、集中化、極大化、集権化の原則を脱し、「プラクトピア」と呼ばれる社会に到達するとされる。

対応する第三の波の各項目は私が勝手につくったものです。

まず規格化という点では、ロシア軍は「大隊戦術グループ（BTG）」を中心として、基本的には規格化された同じ部隊を使っています。図の第三の波の項目でこれに対応するのは多様化（状況適応）ですが、これはその時々の状況に応じて最もいい編成を考える「モジュール化」をしていく、ということです。ロシア軍は現状この形にはなっていません。

次に、分業化に関しては、一応BTGのように諸兵種連合型でシステム化していますし、ロシア軍の兵站部隊との連携も、地上軍だけを見ると悪くはなかったんじゃないかと見ています。だからシステム化の項目に△を付けています。

ロシア軍は4月1日の時点でキーウ正面から東部方面にBTGをかなり動かしたんですが、『令和四年版防衛白書（P13、10行目〜13行目）』によれば、その部隊は4月中旬ぐらいにもう一回戦闘加入したようです。しかし、防衛省ホームページの戦況図を見ると4月6日付近の1週間ぐらいで再投入されている可能性もあると思われます。つまり、ロシア領内で再補給をして、装備品を整えた上で再投入された可能性が高い。その点を見れば、第一線部隊と補給整備部隊とのシステム化がある程度は図られていると思います。

同時化は、侵攻当初に複数正面から同時侵攻するような能力があったとは思いますが、シンクロナイズ化はできていないと評価します。その理由は、航空部隊や対空火器など3次元空間を使って戦闘を組み立てるようなことはできていないと思えるからです。

集中化か分散化か、の評価ですが、戦い方を見ていると分散化によって相手を撹乱して主導権を握ろうとしていると思われますので分散化に比重があると評価しました。

極大化・中央集権化か精密化・分権化かの評価についてですが、ロシア軍は中央集権化、つまり上からの命令一下《いっか》、言われたことをやっていくタイプの軍隊であるという気がしますので、極大化・中央集権化の軍隊であると評価しました。以上を総括して評価するとロシア地上軍は「第二の波の軍隊」であると言わざるをえません。

「第三の波」に近づいているウクライナ軍

小川（陸）：一方でウクライナ軍はかなり第三の波に近い作戦術的な軍隊にすでに変化しているように見えます。

多用化、状況適応型という点では、バイラクタルを使ったり、携行型対戦車ミサイル「ジャベリン」を使ったりしています。部隊を見ても常備軍は8万人ぐらいしかいなかったけれど、予備などの戦力を訓練し兵器を付与して戦力化しています。今でもさまざまな異なるタイプの部隊が前線で防御をしたり、攻撃に転じたりしている。これはかなり状況適応型の軍隊であると言えます。

システム化という観点では、戦車を主体とした機動部隊としてのシステム化はまだできていませんが、HIMARSの特性を最大限引き出してHIMARSによる火力戦闘効果を十分に生み出しています。また、5月上旬にロシア軍の渡河攻撃を破砕した時も、情報と火力（砲弾）との連携プレーは非常にシステム化されている気がしました。

それは一方でシンクロナイズド化とも繋がっていて、大量の砲弾を戦場の同じところに集中させるのではなく、必要な時に必要な目標を確実に火力で撃破するといったシンクロナイズする能力にもだいぶ長けてきたなと思いました。

また、今のウクライナ軍は、まさにHIMARSに象徴されるように、極大化ではなくて精密化、ピンポイント精密誘導型です。HIMARSでドネツ川にかかるアントノフスキー大橋を破壊したり、後方の兵站施設を破壊したりなどピンポイント攻撃ができています。ロシア軍の戦車に対する攻撃にしてもそうです。

第三の波で最も大事なのは分権化、すなわちミッション・コマンドだと思います。これは単に分権をすればいいというものではありません。ミッション・コマンドというのは指揮統制とはまた別の次元の話です。指揮官から任務を受けた部下は、その達成のために委任された範囲内で自主・積極的に任務達成に邁進《まいしん》し続けることがミッション・コマンドの概念なんです。ミッション・オリエンテッド（任務・目的遂行第一主義）であって、自分で考えて行動する必要があります。

野球で譬えるなら、監督がサインを出して選手にプレイを命ずることが指揮統制です。一方、選手が主導権を取るために自分で考えるのがミッション・コマンドです。たとえば、ランナーに出たら、すかさず走る。バッターとランナーは連携プレーをしてヒットエンドランをする。監督に指示されなくても、その時々の状況に応じて選手が自分たちで考えて動いていくということからいえばサッカーはよりミッションコマンドを必要とするスポーツかもしれません。さらには、他のスポーツでもけっこう取り入れられてきていると思うのですけど。トレーニングスケジュールを自分で考えるなどもそうです。自らが「考える組織体」になって、常に主導権を取り続ける考え方及び行動がミッション・コマンドなんです。これが基礎にあるからこそ、いろんな組織を動かせるようになっていく。分権化していても主導権を取り続けることができる。そういう概念なので、このミッション・コマンドができている組織が初めて第三の波に乗れる軍隊に変わっていくわけです。ウクライナはこれにかなり近づいていると私は感じます。

ペロシ訪台で一触即発の第四次台湾海峡危機

桜林：8月2日、ナンシー・ペロシ下院議長が台湾を訪問したことについて賛否両論が沸き起こっています。実質ナンバースリーである下院議長が台湾を訪問するのは1997年のニュート・キングリッチ氏以来25年ぶりです。伊藤さんはどのようにご覧になりましたか？

ナンシー・ペロシ

伊藤（海）：びっくりしたのは、報道を見ていると、民放のワイドショーは取り上げていたけど、NHKはサクッとやるだけで扱いが意外に小さかったことです。しかし、これは大変なことだと思います。私の年代からすると、1996年の第三次台湾海峡危機[※2]を思い出す出来事で、下手をすると第四次台湾海峡危機になりかねない行為です。

桜林：猛反発した中国は軍事演習を開始し、日本の排他的経済水域（EEZ）内にまで5発ミサイルを撃ち込んできています。

伊藤（海）：第三次台湾海峡危機でも中国は台湾海峡にミサイルを撃ち込んできましたが、その際には、台湾海峡に米空母戦闘群が2つ入っただけで中国は「ごめんなさい」をした。それが悔しくてしょうがないから、アメリカ海軍に対抗するために中国は一気に大軍拡に向かったのです。今回の件もその繰り返しです。

桜林：アメリカが戦略的に行っているのであればまだしも、どうもそうは思えない。

伊藤（海）：思えないですよね。いろんな見方はあるけれど、バイデン大統領が「米軍は、現時点ではペロシ氏の訪台をいい考えだとは思っていない」と言ったでしょう。ペンタゴンで「あのバカ、何やっているんだよ！　何でこんな時に行くんだよ！」と会話している光景が目に浮かびます。

桜林：もともとこの訪台に関しての情報は、ペロシ氏が台湾に行くのを止めるためにリークし

※2　第三次台湾海峡危機：中国大陸と台湾を隔てる台湾海峡で1995年7月21日から1996年3月23日にかけて発生した軍事危機。中国が当時台湾初となる総統直接選挙に影響を与えようとして、台湾周辺海域で軍事演習やミサイル実験を強行したことをきっかけに起こった。事態は米軍が空母を派遣したことで収拾したが、中国はこの事件をきっかけに軍拡を推進していった。

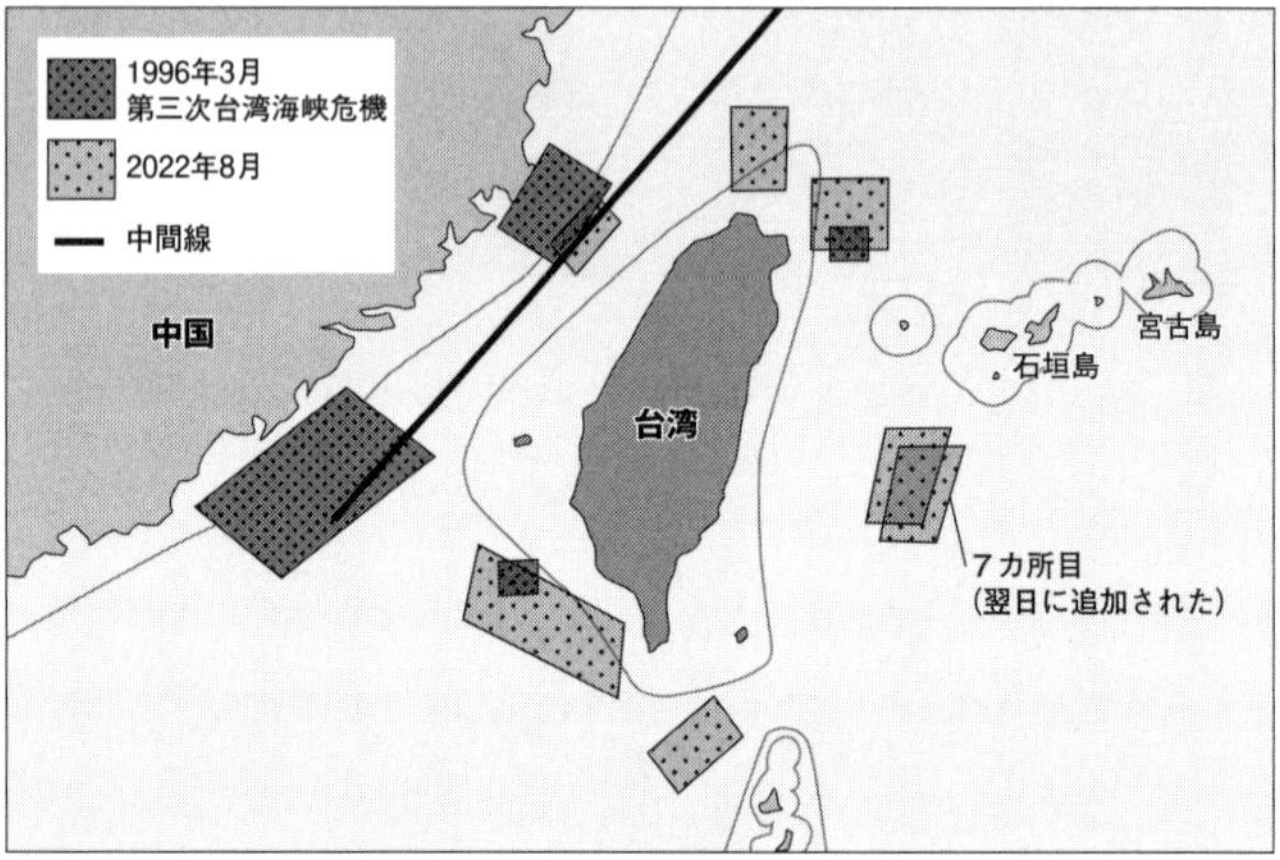

台湾周辺の1996年の演習場と2022年の演習場の違い

たという話もありますよね。

伊藤（海）：そうそう、普通そうなんですよ。ただリークしても抑止にならないのが今のアメリカです。それで実際に中国側は台湾周辺で実弾演習を行い、台湾沿海の6カ所にわたってミサイルを撃ち込んでいます。それこそ、台湾だけでなく与那国島のすぐ近くも演習海域になっている。

桜林：まさに台湾を取り囲むような形で演習を行っているわけですが、これはロシアがウクライナに侵攻したパターンと同じです。

伊藤（海）：そう、同じパターンですよ。あれの「海」版です。第三次台湾海峡危機の際には、USSニミッツを中心とした第7艦隊と、USSインディペンデンスを中心とした第5艦隊を台湾海峡に突入させて事なきを得ました。それは中国が台湾海峡を中心に南北に数発撃っただけだったからです。今回はもっと広範囲にわたっていて、アメリカだって簡単には手がだせなかった。空母部隊を6つ派遣するのかという話だったのです。だからペロシに対しては「何をやっているんだ！」と思っていたはずですよ。

そもそもこの時期の中国は北戴河会議[※3]でしょう。現職の国家主席としては一番挑発してほしくない時期です。

桜林：習近平のメンツを潰すことになりますからね。

伊藤（海）：そう。中国はそれを一番重視しますから。

桜林：これまで戦争は、ちょっとしたきっかけや、思いがけない人の行動などで起こることもありました。米中で事前にペロシ氏の訪台についてしっかり話をしていたのかも気になるところです。

伊藤（海）：おそらくバイデン大統領も習近平主席に「ちゃんと止めるから」とでも言っていたんじゃありませんか。

桜林：普通に考えたらそうですよね。バイデン大統領側から習近平に対して「なんとかするから」

※3　北戴河会議：河北省の避暑地・北戴河で毎年夏に行われる中国共産党指導部の非公式会議。現役幹部、長老、有識者らが党幹部人事などの重要政策について話し合う。中国政治に大きな影響力を持つ会議。

という話が事前にあってもおかしくありません。尖閣にしてもそうですが、海上保安庁が緊張の糸がブチッと切れないようになんとか保っている状況です。それが切れなければいいですけれど。

伊藤（海）：繰り返しますが、これはけっこう大事《おおごと》になると思いますよ。明らかにアメリカ側の判断ミスです。アメリカの歴史を見ていつも思うのは、民主党政権がアホな判断（政策ミス）をして、その結果、共和党政権で戦争になるパターンが繰り返されています。またそれなのか、とものすごく嫌な予感がします。

桜林：民主党の中間選挙対策ということもあるんでしょうね。今のままだと共和党に負けそうだから、いろんなことをやっているようにしか見えない。ペロシさん本人も再選が危ういという話も聞きます。

ウクライナの過ちを繰り返していいのか？

桜林：小野田さんはどう見ましたか？

小野田（空）：まったく伊藤さんの言う通りだと思います。得るところは何だったのかということです。何が目的だったのかということに関して説得力のある理由が思いつきません。

ちょうど2日前、トランプ政権時代の国防省の元高官と偶然会う機会があり、最初に出たのが「台湾が危ない」という話題でした。リパブリカン（共和党）の方だからもちろんペロシ氏の台湾訪問には批判的だけれども、実際のところ民主党系シンクタンクの多くも、台湾訪問はやめておいた方がいいという意見だったそうです。

今回のペロシ氏の訪台は、おそらく選挙対策などのアメリカの国内事情が絡んでいるものと見られます。いわゆる台湾海峡の抑止という点で言うと、はたして理があったのか。私には〝ウクライナ侵攻の相似形〟に見えます。

と言うのは、プーチン大統領がなぜキレたのか――「キレた」という言い方は適切じゃないかもしれないけど、1年前の2021年にウクライナ国内にNATO軍が入って合同演習を行っていたわけです。それはプーチンからすれば「レッドラインを超えた」と見なしてもおかしくない軍事行動です。それをきっかけに、同年9月に今度はロシアとベラルーシがウクライナ周辺で大規模な合同軍事演習を実施することになりました。その後も軍を退かずにいたロシアに対し、アメリカは民間会社の偵察衛星画像を公開してロシアを牽制したのですが、結局ウクライナ戦争が始まってしまった。この状況を台湾に当てはめてみると、非常に危険な状況になることがわかります。すでに中国側は7つの海域に実弾演習の場所を指定しているし、大陸沿岸にある程度の軍事力を集積させている。そうした状況をつくったのがペロシさんの訪台だったということです。

もともとこの時期は人民解放軍（PLA）の演習の時期なんですよ。夏から秋にかけて、演習が非常に多くなる時期なので、PLAとしては準備ができているわけです。したがって、プラスアルファで限定的な軍事侵攻をやれと言われればいつでもできる態勢にある。ですから、タイミングも悪いし、どっちがより挑発的なのかと考えれば、今回の場合は「アメリカが政治的に挑発している」と我々の目にも見えます。中国からすればなおさらでしょう。習近平主席にとって、今年の秋の党大会において3期目を決める上で極めて重要な北戴河会議が行われようとしている時に、台湾問題で邪魔をされては、中国のメンツは丸潰れです。やはりあまりいい訪台とは言えないと思います。ウクライナの教訓をもう一度よく考えた方がいいでしょう。

習近平

桜林：「いい訪台じゃなかった」ぐらいで済めばいいですけどね。先ほど伊藤さんおっしゃったように、歴史の転換点にならないことを祈るばかりです。

小野田（空）：プーチン大統領が戦争直前に国民に向けて長い演説をした時にも「もうウクライナにNATO軍が入って演習までしているじゃないか」ということをはっきり言っている。ですから、それがいかに強い刺激になっているかということはしっかりと認識しなければならない。「抑止」と言いながら、実際にはその抑止自体を駄目にしてしまっていないか、そのことを我々はもう一度しっかり考える必要があると思います。

「第二の波」と「第三の波」の狭間の時代に日本ができること

桜林：小川さんはいかがご覧になりましたか？

小川（陸）：基本的に日本の周りは北朝鮮、中国、ロシアといった脅威対象国がひしめいています。この3国に共通しているのは、トフラーの「第二の波」にあたり、それが新しい「第三の波」とせめぎ合う変革期の時代にあるということです。

冷戦後には、国家内の民族が異なることに起因する分離独立の民族紛争が頻発しました。基本的にロシアは「ウクライナ人はもともと同じ民族であり、ロシアと合体させるべきだ」という、言わば帝国主義路線をとっています。中国も「台湾は俺たちのものだ」という言い分で、やはりそれを自分たちと合体させようというエネルギーです。北朝鮮も、第二次大戦後すぐに朝鮮戦争を始めて以来、まだ韓国と休戦中という戦争状態にありますが、北によって「朝鮮半島は統一すべきである」という方針では一貫しています。

このような帝国主義型の前時代的な「第二の波」の国家に対して、現代的な「第三の波」の各国がそれぞれ自由・多様化を求めていくという構図が、これからの時代の国家のせめぎ合いだと見ることができます。したがって、先ほど先輩方がおっしゃったように、それをどうやってソフトランディングさせていくかが肝要なのに、そこに違うエネルギーを注いでしまったら、事前に対応策がなかったらこの後の対応は難しくなるだろうな、というのがペロシ氏の訪台に対する私の感想です。

日本はその2つの波の狭間にあって、第三の波の立場で非常に難しい判断を迫られています。そういった流れの中で、日本がどう対応していくのか、国際秩序をどう保っていくのか、ということを考えなければいけないと感じました。

桜林：日本が取るべき態度については、どうお考えですか？

小川（陸）：第一の波と第二の波の時代にも、激しいせめぎ合いが起こっていたと思います。

前の時代から残っているものもあれば、乗り換えていくものもあるけれども、新しい時代では価値観が変わるし、制度も違う。ロシアの地上軍を見ても、中国の地上軍を見ても、前の時代である第二の波の状態が残っています。フランシス・フクヤマ[※4]も言っているんですけど、民主主義という理念は合っているんだけど、制度が間違っていると結果的に目指す民主主義国家とは違う国家となってしまう。そこを直していかなきゃいけない。そういった民主主義制度づくりに対して日本は貢献できるはずです。各国家を支援しつつ国際的な秩序をいかに構築していくかに参画していくべきではないかと思います。

桜林：アドバイスしていくということですか？

小川（陸）：たとえば、中国に対し敵対的なやり方だけで向かっていくアメリカ型ではまずいということを言うべきでしょう。どちらかというとアメリカ型のロシア・ウクライナ戦争以前までのやり方は、ペニシリンで病原体をやっつけるけど、その後に新しい病原体が出てくるように、敵を倒しては新しい敵を生む連鎖から抜け出すことができませんでした。敵と味方で二

※4　フランシス・フクヤマ：アメリカの政治学者。著書『歴史の終わり』で政治の最終形態は自由民主主義であるとし、それが世界に広まって社会が安定することで、人類の発展としての歴史が終わると説いた。その後、複数の著作を経て『「歴史の終わり」の後で』において、インタビュー形式で「自由」と「民主主義」の危機について述べている。

分するからいつもそうなってしまうわけです。その姿勢を、もう少し自分たちとは違う価値観も認めて、周りと協力したり、交渉したりしながら、これから目指すべき秩序をともに模索していくようなアドバイスをするということです。もちろん、テロリストと協力や交渉するという話ではありません。たとえば安倍さんがやろうとされていた「自由で開かれたインド太平洋」ビジョンのように、中国やロシアと単純に敵対するのではなく、彼らに帝国主義をとらせないようにインド太平洋で包囲網を構築するというやり方ですね。

伊藤（海）：同感です。安倍元総理だったら、絶対アメリカの大統領に助言して、間違いなくペロシさんを止めていただでしょう。

桜林：そうですよね。大変残念なことに、およそ1カ月前の7月8日に安倍元総理が暗殺されるという衝撃的な出来事がありました。本章では安倍元総理についてのお話もぜひお伺いしたいと思っていました。今回のことも、やはり安倍元総理なら止められていましたか？

伊藤（海）：少なくとも止めるための何らかの行動をされたと思います。安倍元総理は皆さんにすごい誤解をされていて、右だの何だのと言われていましたが、保守層にしっかり支えられている基盤があるからこそ、「どうやって中国を取り込んでいくか」を一番考えていた人でした。だから、安倍さんだったらペロシ氏訪台の話を聞いた瞬間に、アメリカ側に対して「それは駄目だよ。あたなたちは中国のことがわかっていない」と言って説得していたと思います。安倍さんだったら……日本もそれができたんです。安倍さん以外の日本の首相には到底できないことです。

政権を潰す覚悟で成し遂げた平和安全法制

桜林：亡くして初めてその存在の大きさを知ることがあると思いますが、7月のあの事件はあまりにもショッキングでした。そもそも私たちは、2月にロシアのウクライナ侵攻を目の当たりにして、7月に元総理の暗殺まで見てしまったわけですよね。日本にとっても、自衛隊にとっても、あまりにも大きな損失だったと思います。お三方にとっての安倍元総理という存在についてお聞きしたいのですが、伊藤さんはどういう接点がありましたか？

伊藤（海）：海将になると総理挨拶というものがあるんですね。各級部隊指揮官になると、官邸に行って総理にご挨拶して、2ショット写真を撮る。それから、年に一回、自衛隊の高級幹部会同というイベントがあって、防衛省に総理が来られて訓示されるのですが、その夜に官邸で懇親会が開催されます。その時に、親しくお話させていただいことがあります。また、それとは別の機会に、妻の昭恵さんには対潜哨戒機「P－3C」に乗っていただきました。

ただ、僕から見ていて一番想うところがあるのは、やはり2015年の平和安全法制ですよ。あれをやれば政権がぶっ飛ぶかもしれなかったのに、それでも押し通した。その時の答弁がものすごく面白かった。当時の防衛大臣は私の同期の中谷元氏でしたが、総理は「そこは大事なところだから私が」とか言って、防衛大臣を抑えて自ら説明されていた（笑）。全部頭に入っているから、この法案に関する答弁は何も見ずに話されていました。

安倍さんは一議員の時から、1999年に周辺事態法をつくったあたりから、日本の防衛政策の変遷にずっと関わってこられて、法理論などもすべて理解されていたんですよ。それを端から見ていて、「やっと自民党にもこういう人が出てきたな」と思ったものです。軍事に詳しい石破茂さんとかもいらっしゃるけど、安倍さんは実際の行動に移すことができる立場にもいらっしゃって、それを成し遂げてきた人だというのが、我々自衛官から見たイメージです。

桜林：たとえハレーション（軋轢《あつれき》）が起きるとわかっていてもいろんなことを変える、ということですね。

伊藤（海）：あれはなかなかできないですよ。財務省の友人が当時安倍さんのことをこう言ってました。「財政再建でもあれぐらい熱意を持ってやっていただいたら本当にありがたいんだけど。防衛省が羨ましい」って（笑）。それぐらい他の役所から見ても驚くような熱意だったんですね。

桜林：安倍政権は「アメリカに媚びている」「アメリカから物を買っている」などとしばしば揶揄《やゆ》されていました。それは一面事実かもしれませんが、その前に目を向けなければならないのは、それ以前の（日本の）民主党政権が日米関係をボロボロにしていたということです。2012年12月の押し迫った頃に第二次安倍政権が誕生すると、新政権は日米関係を修復していく作業から始めなければならなかった。当時は小野寺五典氏が防衛大臣に就任しましたが、やはりそのあたりの外には見えない努力はすごかったんじゃないかなと思うんですよね。

2010年の日米同盟50周年の時には、本来であれば壮大なセレモニーが行われるであろうと思いきや、結局やらなかった。

伊藤（海）：当時の外務大臣は「日米同盟？　何で必要なんだ」と言っていた人ですからね（笑）。

桜林：当時は報道でも安保50周年のセレモニーが行われなかったことについては触れられていなかったと思うのですが、日米関係にとっては大きな出来事でしたよね。

アメリカの有識者のイメージを払拭した講演

桜林：小野田さんはいかがですか？

小野田（空）：私は、伊藤さんや小川さんよりもだいぶ歳をとっているので、私がスリー・スター（空将）になったときは民主党政権下でした（笑）。したがって、総理挨拶は菅直人総理や野田佳彦総理にしました。

私が安倍さんについて思い出すのは、私が2013年から2015年までハーバード大学にシニアフェローとして行っていた時のことです。この期間に安倍元総理がハーバードにおいでになって講演をされているんですよ。

2013年当時、ハーバードやMIT（マサチューセッツ工科大学）で日本のことをよく知っている教授の皆さんのところに訪ねて行って話をしてみたら、何と驚くことに「安倍はhawkish（ホーキッシュ）だ」と一様に言うんですよ。

桜林：タカ派だと。

小野田（空）：ハーバード、MITは民主党系だということもあって、非常にリベラルな人た

米国のハーバード大学大学院生を前に挨拶する安倍晋三首相（当時・奥右）。首相官邸で2015年3月19日 ©毎日新聞社/アフロ

ちが多い。その彼らから見ると、安倍さんは超右寄りでホーキッシュだと位置づけられていました。「靖国神社にあんなにお参りしているのはリビジョニスト（歴史修正主義者）だからだろう」と彼らは言うわけです。私は「いや、そうじゃない。安倍さんはそういうことをしながら中国との関係も築こうとしているから、見ていてごらん」と言って彼らと激論を交わしたのをよく覚えています。

安倍さんがハーバードのケネディ・スクールという行政学院で1時間ほど講演をされた後で、学生や教授たちから矢継ぎ早に厳しい質問を受けていましたが、本当に見事にお答えになっていました。それをきっかけに、彼らの安倍さんに対する見方が一変したという印象を私はすごく受けました。それを目の当たりにして、非常に誇らしい思いをしました。

桜林：それはすごく貴重なお話ですね。日本にいるとちょっと知りえません。

伊藤（海）：まだアメリカはオバマ政権だったからね。

小野田（空）：第一次オバマ政権の時は、アメリカと中国はものすごく関係がよかった。ハーバードでも留学生で一番多いのは中国人でした。当時、崔天凱《さいてんがい》という大使がしょっちゅうハーバードに来て講演をしていました。講演会場は中国人の学生で満員で、私は入ることができないほどでした。

伊藤（海）：アメリカが中国に取り込まれていた頃ですからね。

小野田（空）：そういう時代のハーバードに安倍元総理に乗り込んできていただいたのですが、会場の外がすごかった。中国人がピケを張っているんですよ。何か物々しい感じで、中国人がいっぱいいて、私が会場に入ろうとしたら彼らに静止されるような、物々しい雰囲気だった。しかし、会場の中では本当に熱いと言いますか、非常に建設的な議論が行われていました。

当時は日中が対立軸、米中が蜜月関係にあった反面、日米は民主党政権時代にかなり壊れた関係になっていて、修復に入っていくかどうかという微妙な状況でした。それを思うと今のこの日米関係、米中関係というのは当時と比べて激変していて印象深いですね。安倍元総理が日米関係を修復するとともに、中国との対立関係も改善させたということですよ。今では、インド太平洋戦略のように、どちらかといったら日本が構想の中心に近い形になっている。これはやはり安倍元総理の功績であり遺産だとつくづく感じます。

桜林：当時のアメリカは中国の脅威に鈍感で、気がついたら一帯一路政策が進んでいましたよね。

伊藤（海）：アメリカは中国を簡単に取り込めると勘違いしていたんですよ。

小野田（空）：そう、取り込めると思っていた。

伊藤（海）：私が防衛駐在官当時のカウンターパートだったハリー・ハリスは、後年太平洋艦隊司令官になった際にはリムパック演習に中国海軍を招待したんですよ。統合幕僚学校長だった私が「お前、これ大丈夫か?」と言ったら、「これが民主主義の海軍だと見せてやれば、あいつらも学ぶから」と言っていました。学ぶどころか反対にリムパックに参加していた海自の乗員をパーティーに呼ばなかったりして他国からも大顰蹙《ひんしゅく》を買ったんです。

ハリー・ハリス米太平洋軍司令官が訪中。南シナ海問題で中国を牽制《けんせい》 © 代表撮影 / ロイター / アフロ

小野田（空）：リムパック演習の時に海上自衛隊だけ中国艦隊のパーティーに呼ばれなかったんですよね。

伊藤（海）：ひどい話です。「だから言っただろ」と。あのハリスですらそうでしたから。私が防衛駐在官当時の太平洋軍司令官デニス・ブレアさんは、「日・米・中は等間隔のトライアングルの関係」という考えでした。ペンタゴンでハリスにそのことを伝えると、「違う。日米と中の関係だ」と彼も認識していました。2001年当時は、ハリスも同じ考えだったのに、2013年頃になると「中国はこちらに取り込めばいいんだよ」という考えになっていた。「おいおい、中国を舐めたらだめだよ」と思っていましたが、2013年頃はそういう雰囲気でしたね。そんな状況から安倍元総理が米中関係を修正した。だから、その功績は大きかったと思いますよ。

災害派遣で見た安倍元総理のリーダーシップ

桜林：小川さんの接点はどういう感じでしたか?

小川（陸）：私はわりと身近なところで安倍元総理のリーダーシップを感じたことがありましたのでそれについてお話ししたいと思います。

先ほど伊藤さんの話で、平和安全法制の時に安倍元総理が防衛大臣を制して「ここは大事なところだから私が」と自ら答弁したというエピソードが紹介されましたが、それが象徴しているように、安倍元総理は自らリーダーシップを取る人でした。だいぶ前の国会答弁で大臣クラスの政治家が「ここは大事な話なので局長に話させます」と言う人がいたと思うんですけど、まさに対照的です。

熊本地震。熊本市の復旧に尽力する自衛隊 ©UPI/アフロ

私は陸上自衛隊出身なので災害派遣に従事したことがわりと多かった。たとえば1995年の阪神淡路大震災の時は伊丹で中隊長をしていたのですが、当時は社会党党首の村山富市さんが総理でしたし、2011年の東日本大震災の時には民主党政権で、自民党以外の政権とも連携をとったことがあります。

安倍元総理が災害対策本部長として指揮をとられたのは2016年の熊本地震の時で、当時私は西方（西部方面隊）総監でした。あの時、安倍元総理が立てた方針で、現場の人間として非常に助かったと思ったことが大きく2つあります。第一に、安倍元総理は対策本部を中央と熊本地域の両方に出した上で、大臣や国会議員の現地入りを「1週間は現地に入るな」と制限しました。

桜林：皆さんちょこちょこ行きますからね。

小川（陸）：大臣が来るとなると、そのための交通統制であるとか、災害派遣を途中でやめてブリーフィングの準備をするとか、どうしても受け入れの準備が必要になり派遣活動に100%専念することはやや難しくなります。

安倍元総理に彼らの現地入りを制限していただいたおかげで、そういうことにまったく意を払うことなく災害派遣に完全に専念することができました。実際、安倍元総理が視察に来られたのも1週間たってからです。

熊本地震でキャロライン・ケネディ駐日米大使が視察。対応する小川陸将（当時）©U.S.Air Force/UPI/アフロ

安倍元総理は被災地を大型ヘリのチヌークに乗って上空からまず見られて、それから現地に入られました。そして安倍元総理視察後、最初に現地入りを許可したのは、自力で現地に行ける防衛大臣でした。現場の人間からするとその統制がすごくありがたかった。

第二に、安倍元総理が災害支援のやり方について、プッシュ式（災害地や自治体からの要請を待たずに必要不可欠と思われる物資を緊急輸送する支援法）とプル式（被災地や自治体の要望に応じて物資を送る支援法）を時期によって分けるようしっかり明言されたことです。

阪神淡路の震災時には、そういった考え方がまったくなかったので、たとえばマスコミが「赤ちゃんのおむつがない」「ミルクがない」との声を報道すると全国の優しい人たちがそれらを一斉に送ってくれるという状態になりました。お気持ちは大変ありがたいのですが、荷物を仕分けする余裕も能力もないところに送ってこられたり、お母さん方が大学生の息子に送るような、缶詰や下着などを一つの箱に同梱された荷物ですと、いったん全部取り出して仕分けしなくてはならないため、現場の隊力がそちらにとられるなどして大変混乱したんです。プッシュ式を下手にやると倉庫は物資で満杯になるし、避難所も使えなくなってしまうという事態があちこちで起きてしまいます。

熊本地震では、安倍元総理は最初の2日半をプッシュ式にしました。これは理にかなっています。震災直後は自治体も状況を把握できていないし、現場も何がどれぐらいの量必要なのかというのもわからない時期ですから。熊本地震は局地的とはいえ、インフラがかなりやられていたので、そうした避難している方々に対して、必要な支援物資を予測した場所に予測した量を提供したのがプッシュ式でした。20万人近くが避難されていました。20万人だと一人3食で一日60万食が必要となります。ものすごい量になるのと初日から必要になったのとで、最初は西部方面隊が備蓄している食料や、海空自に頼んで備蓄している食料を払い出してもらいました。それは当然、上司の許可を得た上での対応でした。それら備蓄食料の配分後に、追加食料が間に合うように中央で調達をして、食料をプッシュ式で一気に熊本の被災地域近郊まで送り込んでいただきました。

安倍元総理は2日半ほどしたら今度はプル式に切り替えました。プッシュ式をやり続けていると阪神淡路大震災の時のような状態になりかねないので、途中から中央で行う食料調達のプッシュ式契約を止めて、自治体が把握した避難所ごとの必要物資を要求に応じて補給する形にしたのです。おかげで倉庫や避難所が救援物資であふれかえることなく、非常にスムーズにいったと感じました。

桜林：段階に応じてやり方を変えていく柔軟性ということですね。

小川（陸）：はい。そういう形できちんと統制していただけたので、みんなの頭の中も「最初はプッシュ式で、次にプル式だな」と一致させることができました。

桜林：やはりリーダーのマネジメントって大きいということですね。

小川（陸）：現場はあくまでリーダーの方針に従って対応しますから。ただ、困ったのはマスコミの報道内容です。取材に来るマスコミの方々はプル式のことが頭になくて、被災自治体がまだボランティアを受け入れないとしていたところ、避難所を避けて個人的に駐車場に避難されている被災者にインタビューして、「食料が届いていません」「避難所の食料配給所にはボランティアが未だ来ていません」などと報じていたので、現地自治体の統制事項とのズレが生じました。私も「ちゃんと状況を確認してからコメントしてほしい」とマスコミの人に何度かお願いしたのを覚えています。その際、安倍元総理が出したプッシュ式・プル式の方針が存在していたので、私もそれにもとづいて、マスコミに対しては「今はプル式だからその方針を考慮した報道をしてください」、被災者には「今はプル式だから避難物資が受け取れる自治体指定の避難所に集まってください」と伝えることができました。

この2つの統制において、私は安倍元総理のリーダーシップを強く感じました。現場にいた身としては、今までにないきちんとした統制がされていたため活動しやすくて非常にありがたかった。

熊本地震の一周忌追悼式典にも安倍元総理は出席され、そのあと健軍駐屯地に来られて訓示をしていただきました。総理が記念行事以外で自衛隊の駐屯地等を訪問して訓示をされるのは過去にもあまり例がないと思うんですけど、隊員を集めて労《ねぎら》いの言葉をいただきました。これで部隊の士気が大いに上がりましたし、隊員たちも報われた気持ちがしたと思います。

見逃された最高指揮官としての憲法改正

桜林：やっぱり我々からすれば総理という存在ですけれども、自衛隊にとってみれば最高指揮官ですからね。自衛隊という一つの実力集団を統べる役割がある。トップにあれだけ長い間おられると、やはり政治的な功績もさることながら、部下や周りを引っ張っていく安倍元総理のリーダーシップというものを、実は自衛隊こそが一番見てきたのではないかと思います。

伊藤（海）：ある総理にいたっては自衛隊の最高指揮官だということを「知らなかった」と発言しましたから（笑）。対して安倍元総理は自分が自衛隊の最高指揮官であることをしっかりと自覚して振る舞われていました。端から見ていてもそれはよくわかりました。一番大きいのはやっぱり憲法改正です。安倍元総理がなぜ自衛隊のところだけにこだわられていたかというと、未だに「自衛隊は憲法違反の存在だ」と言われている現状を何としてでも是正するためです。それを最重要事項として変える。本当は憲法九条の一項も二項も全部改正したいのだろうけど、それよりもまず加憲して、自衛隊を「国軍」として明記することで、このしょうもない違憲議論を終わらせようとした。これこそまさに最高指揮官としての振る舞いそのものだなと思いますよ。

小川（陸）：そういえば、訓示の時も、最後に「自衛隊最高指揮官・内閣総理大臣・安倍晋三」とおっしゃられていました。文章にもちゃんと書いてありました。

それと、さっきの憲法の話ですけど、そもそも憲法は「国民が国にどういう形を求めるのか」を記した法律です。つまり、主権者である国民の側が国に対して「こういう国であるべきだ」と命ずるものです。それ以外の国内法は、国から各機関や国民に対しての命令ですよね。だから、自衛隊を憲法に明記するということは、日本国民が日本国に対して「自衛隊を持つ意思を表明しなさい」と命じることを意味します。決して安倍さん個人が自衛隊を憲法に書きたいというレベルの話ではありません。巷の憲法議論を見聞きしていると、その点を少し誤解されている人がいるような気がします。

伊藤（海）：そうそう。立憲主義（政治権力の濫用を憲法によって規制しようとする考え方）ですからね。だから、内閣総理大臣以下、自衛官も含むすべての公務員に憲法遵守義務があるんです。一方で、自衛隊への国民の支持は九十何%もある自衛隊を憲法に明記するのは当然のことだ、と安倍さんは言われてきた。改憲は自民党の党是ですから何も安倍さんの専売特許ではありません。でも憲法に「自衛隊を明記する」という発想は、やはり安倍さんが自衛隊の最高指揮官たる人だったからですよ。その概念がなければあの発想にはなりませんよ。

小野田（空）：安倍さんは議論しようとしていたんだよね。もともとの自民党の憲法草案には問題がそのまま残っている部分もあったから。

桜林：国防軍とかですね。

小野田（空）：自衛隊を憲法に明記することよりも、自衛隊を軍として認知することの方が大事です。軍として認知されることによって、自衛隊は国内法ではなくて国際法で縛られる組織になります。それこそが日本が世界標準で見てノーマルな国になることを意味するので、やっぱりそこは議論を尽くしていかないといけない。でも、国民にはなかなか理解できない話だから、とにかく早く議論を始めよう、というのが安倍さんの考えの大元にあったんじゃないかなと私は思います。

小川（陸）：そうですね。議論をすることでどんな自衛隊を持ちたいのかを国民に問うことになります。議論をしていく過程で国防や安全保障に対する国民の理解も深まり、いろいろな問題も浮き彫りになってくるでしょうから、議論をしっかりしてほしいと思います。

桜林：保守層からすれば、加憲では物足りない印象があり、批判も多く出ました。私は伊藤さんが「チャンネルくらら」の番組での共演時にたびたび丁寧に説明してくださったので、かなり整理することができたんですけれど、憲法以外でもやはり自衛隊の処遇の問題など、改正しなければならないことが山積していますね。あとは、確かに小川さんがおっしゃるように、安倍さんが個人的に好きで改憲をやろうとしているという印象を持たれていたのも事実ですね。

自衛隊高級幹部会での安倍元首相と小野寺五典(2017年9月11日)
©AP/アフロ

伊藤（海）：これはもう印象操作ですよ。

小川（陸）：自衛隊の存在については、安倍さんがどうのこうのという話ではなく、国民の90%ぐらいが賛同していることです。だったら、それを国民の意見としてそのまま憲法に反映して、自衛隊の存在を書けばいいのではないでしょうか。

国民が「上からの改憲」だと勘違いをさせられているような感じがあるのは、過去2回の憲法成立の歴史にもとづく誤解もあると思います。明治憲法は天皇陛下が過去の皇祖皇宗の天皇に対してお誓い申し上げて国民に発布する形をとっていましたし、現行の日本国憲法も戦時下にアメリカが草案をつくったことを皆知っていました。つまり、日本では本当の意味で国民が憲法をつくったという歴史がないので、憲法は国民が国に命じるものだというイメージが湧かない。それを逆に利用されてしまっているという気がします。

小野田（空）：とどのつまり、アメリカまでその誤解が伝わって安倍さんが「ホーキッシュ」と言われたわけですよ。

桜林：安倍さんのところには最高指揮官旗という旗があったと聞いたことがあります。やはりそういう強い自覚を持って、自衛隊のトップを歴代最長期間お務めになられていたんだなと思います。安倍さんの功績はそれだけではなく、安保法制だったりNSCを創設したりと、枚挙にいとまがありません。武器輸出のこともあります。本当に語り尽くせないほどの功績です。

失ってからでは遅いのですが、私たちにはその遺志を継ぐ義務があるのだと、お三方のお話を聞いて改めて強く感じました。

補章

『トップガン・マーヴェリック』と次世代戦闘機

発売元：NBCユニバーサル・エンターテイメント
©2022 Paramount Pictures.
DVD絶賛発売中

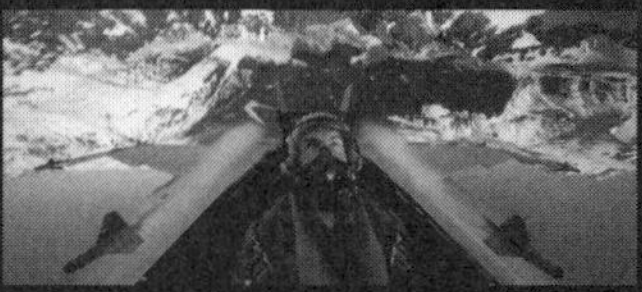

※本章は『トップガン　マーヴェリック』のネタバレを含む内容ですので、映画を視聴する予定の方はくれぐれもご注意ください

日本の次期戦闘機は英国と共同開発？

本章は「チャンネルくらら」2022年9月1日に配信された動画「【ネタバレあり】陸・海・空 軍人から見たロシアのウクライナ侵攻 マーヴェリックと次世代戦闘機」にもとづき編集作成したものです。

マーヴェリックがF−35を使わなかった理由

桜林：第6章で話題に出た『トップガン マーヴェリック』（以下『マーヴェリック』）ですが、現在ロングランとなり、ひとりで何度も観る「追いトップガン」が巷では流行っているそうです。一方、その影響で自衛隊への応募者が増えているともいいます。それもなぜか海上自衛隊ではなく、航空自衛隊が増えているのだとか。

伊藤（海）：空母がないですからね。

桜林：そうですよね（笑）。とにかくこの『マーヴェリック』についての話をもっとしてほしいというリクエストを多数いただきましたので、本章で御三方に存分に語っていただきたいと思います。もしまだ映画をご覧になっていないという読者の方は、ネタバレを含む内容になっておりますので、その点はご注意ください。

さて、まずお聞きしたいのは、映画を観た人たちの間で疑問になっていたという「なぜF−35が使われなかったのか？」という点についてです。小野田さんいわく、その答えは、実は映画の中でちゃんと説明されていたとのことですが……。

小野田（空）：『マーヴェリック』では、敵国の地対空ミサイルに迎撃されないように戦闘機で侵入し、地下にある核施設を破壊する、という任務のシーンがありました。

当然のことながら相手のミサイルはレーダーで戦闘機を探知してミサイルを撃つわけですから、できるだけ敵のレーダーに見つからないことが重要になります。

しかし、映画で使われていた戦闘機は、レーダーが探知できないステルス性が非常に高いF－35Cではなく、レーダーで探知可能なF／A－18E／Fスーパーホーネットだった。だから「なぜF－35を使わないの？」という疑問の声が映画を観た人たちの間で上がったわけです。

しかし、そもそもF－35は配備されてまだそれほど年月が経っていません。なので、今回の映画内の任務で必要だったレーザー誘導爆弾を積むための「兵装」が準備されていない状態でした。

通常、航空機は用途に応じて兵装の拡大を順次行っていきます。たとえば、防空任務ならとりあえず空対空ミサイルが撃てなければならない。空対空ミサイル搭載時の性能を確認しながら今度は空対地ミサイルだったり、爆弾だったりと兵装を拡大していく。そうすれば、早く部隊に飛行機を渡すことができるわけです。

これは米海軍においてもまったく同様で、撮影が始まった当時のF－35は、実は積んでいるのはGPS誘導の爆弾だけで、レーザー誘導の爆弾は積めませんでした。

映画の中でも出てきますが、GPS誘導は電波妨害によって正確な爆撃ができなくなるという欠点があります。一方、レーザー誘導は、電波妨害が効かないため、正確に爆弾を落とすことができます。

FA-18「スーパーホーネット」

今回の映画における任務は、目標とする某敵国の地下核施設を破壊するために、敵基地の小さい穴の中に正確に爆弾を落とすというものでした。

本来なら最新鋭のF－35を使いたいところだけれど、敵基地からGPSを妨害する電波が出されているため、F－35のGPS誘導弾が使えない。

だから、レーザー誘導爆弾が積めるF／A－18を〝あえて〟使う、といった説明が映画内でされていました。

ただし、F／A－18では、ステルス性が低いため、地対空ミサイルからの脅威は大きくなる。したがって、低空を這うように飛んで敵のレーダー波を避けなければならない。それが映画の前半で行われていた訓練です。

そして、優秀なエリートパイロットたちの中で、それを一番上手にできたのがマーヴェリックだった。その結果、当初は出撃しないはずだった彼がチームリーダーとして派遣されたというわけです。

桜林：なるほど。「映画を撮るんだから、2シーター（複座）タイプのあるF／A－18しか使えないに決まっているだろう」という意見もありますが、その点はいかがですか？

F-35A

小野田（空）：F－35は一人乗り（単座）しかないので、おっしゃる通りなんですけど、私に言わせれば「それを言ったらおしまいよ」です（笑）。なぜなら、2シーターでなくても、たとえばCGを駆使すれば映像自体はつくることが可能だからです。実際、本編でも最後に敵国の第5世代戦闘機やF－14の飛行シーンが出てきますが、あれはCGです。だから、CGでもあの映画をつくろうと思えばつくれた。でも、トム・クルーズさんができるだけ本物の戦闘機を使うことにこだわったから、主役の戦闘機が必然的に2シーターのあるF／A－

18になった、という裏話は確かにありますね。

桜林：映画について聞かれることは他にもありますか？

小野田（空）：もう3回見た、4回見たという人から質問がきますが、私は1回しか観ていません（笑）。いろいろ専門的な方がいらして、私は答えられる限りで答えています。

たとえば敵の核施設はあたかも火山の中のようなところにあるため、急上昇した後、機体を反転させて斜面を急降下するわけですが、その際、なぜ反転するのかという質問がありました。

それはパイロットにかかるマイナスGを防ぐためです。

アメリカ海軍のF-14D

基本的に戦闘機は、マイナスGになると体が浮いて操縦しにくくなります。また、戦闘機自体の強度もマイナスGの方が弱いという事情もあるので、ジェットコースターのように急降下するときには、反転することによりマイナスG（浮く）をプラスG（下に押される）に変えるのです。

それからもう一つよく聞かれるのが、地対空ミサイルを避けるための「フレア」についてです。

フレアというのは飛行機のエンジンが出す熱線（赤外線）を追尾するミサイルに対して誤

誘導させる目的で放射する強い赤外線の囮《おとり》のことで、戦闘機のお尻の方から出します。マグネシウムと硝酸ナトリウム系の混合物を燃焼させてつくり、瞬間的に燃焼温度が2000〜2400Kの高温となり、広帯域の赤外線スペクトル分布をつくり出すのです。短射程の地対空ミサイルは戦闘機の熱を追う赤外線誘導タイプのミサイルが多いので、だいたいそれで防ぐことができます。

フレアを放出するF-15E

地対空ミサイル「パトリオット」

ただし出すタイミングが重要で、撃たれたミサイルが、とある距離に近づいた時に急旋回して自機の赤外線の放射方向を変えた瞬間にフレアを射出してミサイルを引き寄せるのです。普通に真っ直ぐ飛んでフレアを出してもミサイルはフレアの方に誘導されないわけです。

桜林：じゃあ、かなりタイミングと距離が大事なんですね。

小野田：距離があんまり離れているところでフレアを出し

てもミサイルを引き離すことはできません。だから、近すぎても駄目だし、遠すぎても駄目。映画でも急旋回しながらフレアを出してますね。

桜林：出せばいいというわけではないんですね。

小野田（空）：フレアは多く積めないので、上手に使わないとあっという間になくなってしまいます。

桜林：技術が問われるんですね。

映画は現実に即してつくられている

小川（陸）：一つ質問していいですか？　映画の最後の方で敵のF－14（前作でマーヴェリックが乗っていた戦闘機）を奪って敵基地から脱出するシーンがありましたよね。私は「電源車がないとエンジンの始動はできないのでは？」と思って観ていたのですが、ちょうど格納中のF－14が電源車に繋がれていた。実際にあのようなことはあるのでしょうか？

小野田（空）：航空自衛隊のいわゆる「アラート」では、5分待機でスクランブルの準備をしてますよね。おっしゃられている映画のシーンもちょうどアラート待機状態のように見えました。アラートではすぐに飛べるように電源車を戦闘機と繋ぎっぱなしにするんです。ですから不自然ではありません。

あの時は確か、マーヴェリックがかつての相棒のグースの息子ルースターに電源車を起動させていましたよね。それに合わせて先にコクピットに入ったマーヴェリックがエンジンを始動させました。そして、エンジンかかると、電源ケーブルを外したルースターに「早く来い」と言って後席に乗せていくという流れでしたが、あの場面は手順としても間違いはありません。

航空電源車

小川（陸）：いくらパイロットとはいえF－14を初めて見る人間が電源車を起動し電源ケーブルを外すのは、普通なら戸惑うだろうと思ったので。まあ映画ですから（笑）。

小野田（空）：さすがですね。すごいマニアックなところに気がつかれています。

小川（陸）：陸上航空の副校長を2年やっていましたので。電源車は潤沢にあるわけではないので、使い回しせざるをえなかったんですよ。だから、「あれ？　電源車、こんなにたくさんあるんだ」って（笑）。

伊藤（海）：自衛隊の発想やな（笑）。

桜林：自衛隊的な事情がここで出てきましたね（笑）。では、「ちょっとこれは違うんじゃないか？」という違和感のあるシーンはあんまりないということですか？

小野田（空）：私が疑問に思っていたのは、空母からの発艦シーンです。

カタパルト（航空母艦から航空機を発射させる装置）で発艦する際に、マーヴェリックの右手が操縦桿《かん》でないものを掴んでいたシーンが出てきます。普通は操縦桿を右手で持って左手でスロットルを握っているものなんですよ。当初はそれが不思議で「撮影のために後席に乗っているからそんなところを掴んでいるのかな？」と思っていました。

でも、実は私の後輩で、空母から発艦した経験がある人がいて、彼に聞いたところ、カタパルトから飛び出すときにはショックがあるので、前席のパイロットも操縦桿を離して発艦時の加速に備えるよう、そこにつかまるのだそうです。

確かに航空機は操縦桿を持っていなくても真っ直ぐ飛ぶようにできているので落ちるわけではない。発艦すると少し航空機が降下して、そのタイミングで操縦桿を引きながら上昇していくという手順なのだそうです。私もいい勉強になりました。

あとは、着陸の違いですね。空軍機と海軍機とでは着陸のやり方が全然違います。

空軍機は、民航機よりはやや機首を上げた形で減速していき、ギリギリ揚力（機首方向に垂直に作用する力）を保ちながらスピードを落として、ストーンと着地する。

一方、海軍機の場合は着陸するフィールドが150mぐらいなので、上からドーンと落としてフックに引っかけて着地する。空軍機でそれをやると弾んで、フックに引っかからないで、越えてしまう。海軍機というのはストラット（着陸装置）のショックアブソーバ（振動を減衰する装置）が弾まないように、ストロークが長くできています。そうやって弾みにくくしてフックを掛けることによって着陸するのですが、それでも下手をするとボンと弾んじゃって、フックをかけ損なう。したがってフックがかかるワイヤーはだいたい5本ぐらい引いてあって、そのどれかに引っかかればいいという形になっているんですね。

だから、空軍機の戦闘機パイロットでどんなにうまい人でも、「お前、空母に降りてみろ」と言われても初めてだったら絶対に着地できません。まず地上で海軍式の着陸の訓練を重ねる必要があるわけです。初めての着艦は超恐いらしいですけど。

桜林：じゃあ、これからF－35Bが航空自衛隊で運用するようになったら……。

小野田（空）：あれは垂直離着陸が可能なので大丈夫です。ちょうどヘリコプターがホバリングで降りるようなイメージだと思いますけどね。

小川（陸）：ただ、ホバリングで高い位置から垂直方向に降りるのは危険だから、ホバリングによって空母に安全に降りられる高度までは、機体を海面に対し下向き15度ぐらいの角度で斜め下方向に通常の飛行要領で降りていきます。安全な高さまで降下したら、そこからはホバリングで降りるのだと思います。そのためにはけっこう飛行技術がいると思います。下手をすれば高度が高すぎるか、海面に早く近づきすぎてうまく着陸ができない可能性があると思います。

暗黙知を形式化するのが欧米式

桜林：映画ではマーヴェリックがF－18のマニュアルを捨てるシーンがありましたが、小川さんはどのような印象を持たれましたか？

小川（陸）：あのシーンは、暗黙知（長年の経験やノウハウ、直感にもとづく知識）から形式知（言語化・視覚化・数式化・マニュアル化された、客観的に説明・表現可能な知識）への移行を象徴する場面だと捉えました。次の表は、野中郁次郎先生の著書『知識創造企業』と前章でも

マーヴェリックにみる「知識創造組織」	
形式知	暗黙知
西洋的経営	日本的経営
明白・形式的・体系的	曖昧・主観的・直感的
電子的伝達可	電子的処理・伝達困難
教育訓練で学習	直接体験で学習

『知識創造企業』と『第三の波』より小川清史作成

紹介したアルビン・トフラーの著書『第三の波』を参考に、暗黙知と形式知について私がやや象徴的にまとめたものです。

西洋的経営はどちらかといえば形式知で、日本的経営はどちらかといえば暗黙知を重視しています。

アメリカ軍も基本的には形式知による組織運営のため、いろんなものをマニュアルにまとめていきます。それは、明白、形式的で、体系的で、組織の知識としてストックできるものです。電子的伝達が可能であり、教育訓練で学習していくことができる。そういう思想のもとにつくられたマニュアルです。

でも、マーヴェリックはそれを捨てる。確か前作では「マーヴェリックは勘で飛んでいる」と教官たちから言われていたと思いますが、今作での彼は、これまで自身が培ってきた技術や知識を体験学習を通じてチームのみんなに伝えようとします。

私も陸上自衛隊航空学校で、ヘリコプターのパイロット養成を職人気質の教官が生徒に教える姿を見てきました。どうやって教官が自分の技術を伝承するかといえば、それは体験学習しかないんですね。マーヴェリックも「こんな形式的なものにとらわれるな！　俺の持っている技術を体験的にみんなに伝えていきたいんだ！」と、個人の暗黙知をチームの形式知に変えていこうとしたのだと思います。だから、最初はドッグファイトをやって、「俺に勝てるようなパイロット技術を身につけろ」と後輩たちに発破をかける。次に小野田さんもおっしゃっていた低空飛行訓練を行う。

前作では、マーヴェリックの持っている天才的なパイロット技術、暗黙知をちゃんと理解してくれたのは、ライバルのアイスマンと恋人のシャーロットだけで、結局マーヴェリックは皆には理解されないままの孤独なパイロット（マーヴェリック）で終わりました。

今作では、それを見抜いていたアイスマンがマーヴェリックをトップガンの卒業生たちの教官に就けました。これは「お前の持っている暗黙知を皆に伝達しろ」ということだと理解しています。でも、そのアイスマンが亡くなってしまうと、誰もマーヴェリックの暗黙知を理解できず、マーヴェリックを教官から降ろそうとします。そこでマーヴェリックは、不可能だと思われていた作戦が可能であることを自らデモンストレーションすることで証明して見せました。俺はこういうことができるんだ、これをみんなに伝えたいんだ、ということを明確にして、今度はチームリーダーとして採用されたわけです。

この段階になると、マーヴェリックの暗黙知を伝達する手段としてチーム力も必要になってきます。だから、マーヴェリックはチーム力を付けるために、上半身裸になってみんなでアメリカンフットボールをやったのだと思います。余談ですが、これは実際に私自身も米陸軍歩兵学校幹部上級課程に留学した時によくやったのを覚えています。バスケットとかサッカーをする際に「シャツチーム」と「スキンチーム」に分かれて戦います。キャプテン（大尉）かファーストルーテナント（中尉）くらいですと30歳前後ですし、筋肉を見せたくてしょうがないんですよ（笑）。だから、朝からジムで筋トレをして、ガンガン筋肉を鍛えて、人に見せられる筋肉を常につくっているんです。戦闘服の袖も肩まで捲《まく》り上げて。「俺の筋肉を見ろ」と言わんばかりに（笑）。

まあそれはさておき、そうしてチームワークをつくっていったことで、最終的にはマーヴェリックの持っている暗黙知をチームに伝達することができて、それが形式知に変わっていきました。

また、ミッションが終わって帰投する際にマーヴェリックだけが敵にやられて墜落する場面がありました。マーヴェリックが地上で敵の戦闘ヘリに狙われているところをグースの息子のルースターがやってきて助ける。そしてルースターも墜落する。「お前、何やっているんだ！」

とマーヴェリックは怒るのですが、ルースターはそれまでマニュアル的なことしかやってこなかった人間でした。その彼が自ら自分の技量を使って人を助けようと、自分で考えて動き出した。自分で感じて動くということができるようなった。

その後、二人がF－14で逃げて、洋上で敵にやっつけられそうになったところを危機一髪でハングマンが助ける。このハングマンもどちらかといえば冷静で、昔のアイスマンみたいな感じでマニュアル型だったのが、自分で感じるままに動いていた。これはまさに、前章で述べた「ミッション・コマンド」です。

前作ではマーヴェリックのパイロットとしての高い知識・技能の暗黙知を二人の人間が理解しただけで終わりました。今回はマーヴェリックの持つ暗黙知がチームに形式知として宿るところまで描かれています。これはおそらく現実の米海軍でも実際に起こっていたであろう、暗黙知が形式知に変わっていった過程と重ねられるストーリーだと感じました。

桜林：深いですね。伊藤さん、やっぱりそうですか？

伊藤（海）：これは欧米の経営学修士（ＭＢＡ）で学ぶことそのままなんですよ。日本じゃ全然通用しないけどね。

小川（陸）：日本じゃ理解されない？（笑）。

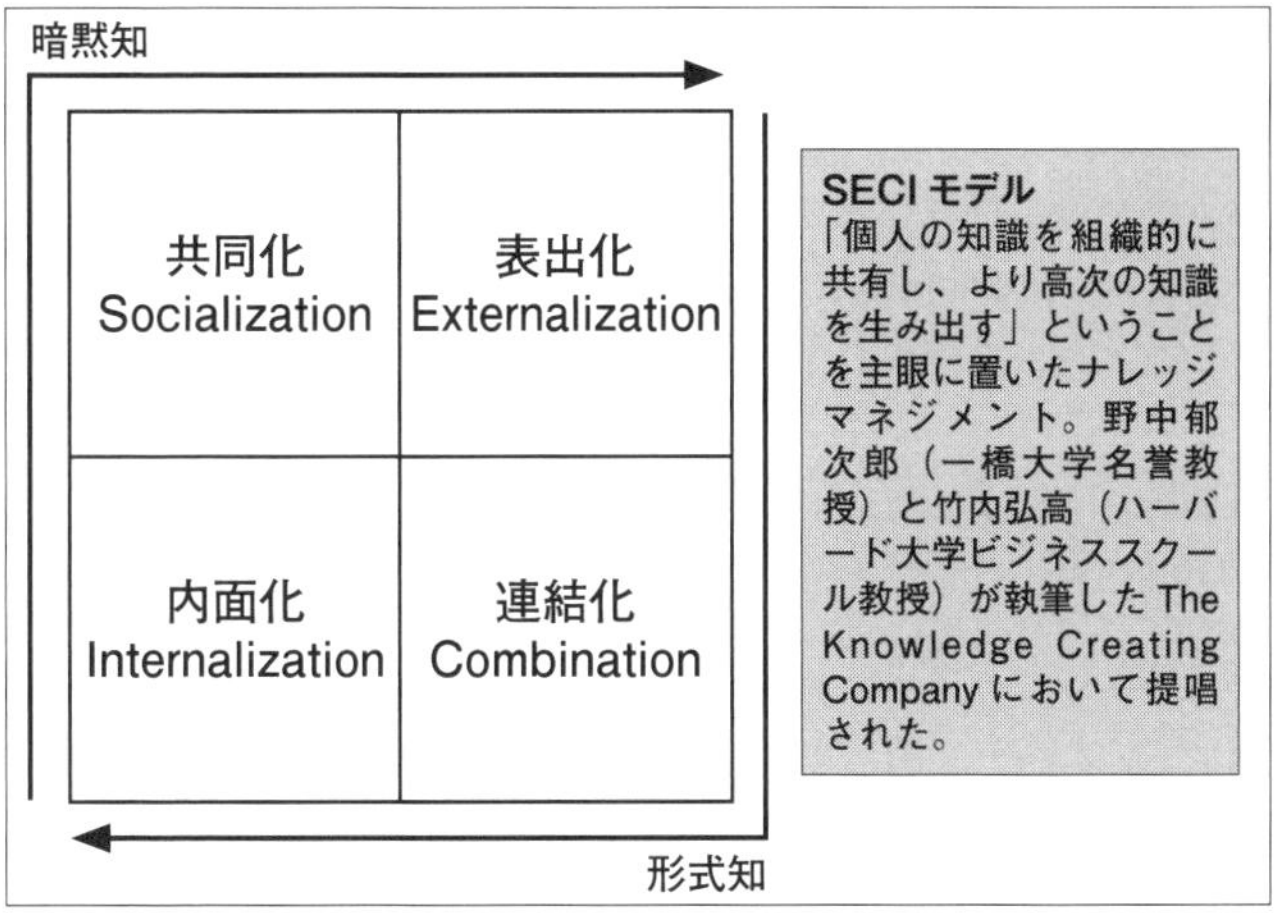
暗黙知
共同化
Socialization
表出化
Externalization
内面化
Internalization
連結化
Combination
形式知
SECI モデル
「個人の知識を組織的に共有し、より高次の知識を生み出す」ということを主眼に置いたナレッジマネジメント。野中郁次郎（一橋大学名誉教授）と竹内弘高（ハーバード大学ビジネススクール教授）が執筆した The Knowledge Creating Company において提唱された。

F/A-18 のマニュアルをマーヴェリックが捨てるのは？

伊藤（海）：そう。日本人はこれ、駄目なんですよ。いつまで経っても変なマニュアル型でしょう。だから、メンバーの能力や経験を最大限に引き出し、高いパフォーマンスを上げるための「チームビルディング」ができない。日本の会社ではスポーツをやると言ったら、「えっ？」となるでしょう。昔はあった課内旅行とかも今や全否定されている。逆なんですよ。アメリカはそっちに戻っているのに。

やはり「知・情・意」の3つのバランスが重要で、欧米ではそれが哲学者のカント以来ずっと言われ続けています。だけど、日本は、知に走ったり、情だけだったりで、意志がないわけです。この意志の部分を欧米はいかに高めるかを重視しているので、「あなたはどう思うのか？」ということをものすごく大事にする。それをチームビルディングする中で上げていこうとしているわけです。これは間違いなく陸・海・空軍の考え方です。軍の方が先にある。日本の企業よりも自衛隊の方が進んでいるのです。

野中郁次郎先生が提唱されている「SECIモデル」は、個人の知識を組織的に共有し、より高次の知識を生み出すことに主眼を置いています。形式知が暗黙知になって、またこれを形式化して再び暗黙知に戻す。

このループを回すことの重要性は、MBAでもよく言われています。欧米では実際に行われていることですが、日本は下手をすると形式知で終わっちゃっているか、職人のように暗黙知だけでバラバラにやっていて、チームになっていないかのどちらかでしょう。

だから、全員が暗黙知・形式知のループのプロセスを理解できるようなチーミングをしないといけない。『マーヴェリック』にはその部分が描かれている、ということで、陸上自衛隊の中では〝珍しく〟そういうことを考える小川先生らしいコメントだと思います（笑）。

小川（陸）：「ありがとうございます」と言っていいのかどうか（笑）。だから、そういうことを踏まえて『トップガン マーヴェリック』を観るとまた違う楽しみ方ができると思います。答えを求める教育じゃなくて「あなたの考え方は何ですか？」「なぜ、それしたいと思いますか？」「どうしてですか？」「どうしたらできると思いますか？」と尋ねることによりその人の意志を伸ばしていく。これが伸びた人こそがミッション・コマンドを身につけたリーダーになる。自分の意志がなく、前例のある答えを出すだけの人はリーダーとしての必要十分条件を満たしていないと思います。スタッフにはなれますけど。

桜林：スタッフとリーダーは違うということですね。

F－14とF／A－18の違い

桜林：小野田さん、前作の主役戦闘機だったF－14トムキャットが映画の後半に出てきますが、F／A－18との違いは何ですか？

小野田（空）：これを語ると長くなりますが、もともとF－14は1960年代にロバート・マクナマラ国防長官が海軍と空軍の戦闘機の統一を提起したことに始まります。この人は自動車メーカーのフォード出身だからそういう発想ができたのだと思いますが、当時はまだ国防予算もまだ余裕のある時代だったんだけれども、冷戦の最中に「海軍と空軍が別々のタイプの戦闘機を持っているのは無駄だ」ということで、統合戦闘機という形をスタートさせた。その結果が1964年に初飛行した、世界初の実用可変翼機「F－111」です。

F－111は当初空軍用の戦闘機として開発して、これをさらに海軍の艦載機としても使えるように統一しようとしたのだけれど、海軍は気に入らない。なぜ気に入らないのかというと、当時ソ連はアメリカに対抗して、空母をつくろうとしていました。しかし、それがうまくいかず、当然艦載機もつくれなかったので、代案としてアメリカの空母機動艦隊を大量の爆撃機と長射程のミサイルで飽和攻撃することによって沈めようとしました。

伊藤（海）：ウクライナに撃沈されたロシアの軍艦「モスクワ」がそれですよ。

小野田（空）：そうです。それに対して米海軍はどうしたかというと、そんなことをされたら困るので、ロシア側のミサイル発射母機を叩かないといけない。ちょうど今の日本と同じような状況ですね。そのため、航続距離（最大積載量の燃料で航行できる最大距離）が長く、かつ長距離ミサイルを発射できる戦闘機を要望していました。ただし、そうすると、どうしても重量が重くなるわけです。つまり、海軍の艦載機に求められる軽量化に適合しない。

国務省はF－111にそれを担わせようとしましたが、そもそも空軍が求めていたのは、敵地に奥深く入っていける、低空性能に優れた戦闘爆撃機でした。機動力が必要だという点は空軍・海軍ともに共通していましたが、その他のリクワイアメント（要求仕様）が違っている。

空軍はF－111を両方に適合するようにつくったのですが、空母艦載用にするには脚《きゃく》を強化するなど改造が必要です。そこで重量が重くなりすぎて海軍側が「これは艦載機として使えない」と言い出した。端からそう思っていたのかもしれないけれども、こうして結局F－111型の艦載機案は海軍に却下されたわけです。

F-111

そこで海軍は独自開発に取り組むのですが、その結果としてできたF－14はF－111に似ていました。もっとも、F－14はF－111を原型として、垂直尾翼を2枚立てた、可変翼のものをプロトタイプにしてつくったので、似ているのも無理はありません。とにかく、こうしてF－14ができました。

一方、当時空軍は、F－15をF－111とほぼ同時に並行して開発していました。F－15もF－14も開発費が高騰してコストがうなぎのぼりに上がっていった。それこそマクナマラ長官が言っていたこととは、まったく逆の方向になってしまったわけです。

ところで、当時海軍には「A－7コルセア」という艦載機があったのですが、これの後継機をどうするかという問題がありました。

ちなみに、A－7の「A」は攻撃機（地上・洋上のターゲットへの攻撃を主な任務とする航空機）を意味します。当時はA－7コルセアとA－6イントルーダーという2種類がありました（「F」は戦闘機で、空対空戦闘が主任務）。A－6イントルーダーは、戦車などを対象とする、スピードはないけれども頑丈にできた攻撃機です。当時はこの2種類の攻撃機に加えて、F－4ファントムを艦載型にして運用していました。F－4はもともと戦闘機でしたが、攻撃能力をつけて戦闘攻撃能力にしてA－7の補完をしていたわけです。

そもそも、艦載機は1機種では駄目なんです。1機種だとエンジントラブルなどが起きたときには、全機が出動できなくなる。それを防ぐために、必ず2種類以上つくる決まりになっています。

そこで、「A－7コルセア」の後継機をどうするかという問題に話が戻るのですが、海軍としては、F－14をマルチロール（多用途）化したかった。けれども、コストがかかりすぎることからそれを諦めました。F－14は「制空戦闘機」、すなわち艦隊護衛用の戦闘機としてつくられたので、それを攻撃機として転用するのは難しかったわけです。じゃあどうすればいいのか、ということで始まったのが、戦闘機と攻撃機を合体させて、なおかつ軽量で安い戦闘機を開発しようという、F／A－18のプロジェクトでした。

結果的には、やはり攻撃機には搭載能力が必要なことから、そこまでの軽量化はできなかったけれど、コストはある程度抑えることができました。こうして、攻撃能力を担うF/A-18と、艦隊護衛を担うF-14という役割分担ができたのですが、今度はF/A-18の後継機をどうするのかという問題に頭を悩ませることになります。国防予算がどんどん厳しい状況になっていく中で、F-14に関しては、1990年にはソ連が崩壊したため、空母艦隊への大量の飽和攻撃を想定する必要がなくなった。

では、このコストのかかるF-14をどうしていくのか。そのあたりの議論については、海軍内でいろいろ揉めたロング・ストーリーがありますが、ここでは割愛します。

結局、F/A-18の機体を少し大きくして、アビオニクス（航空機に搭載され飛行のために使用される電子機器）をより近代化したマルチロールの

F-15イーグル

F-16「ファイティング・ファルコン」

戦闘機というものに落ち着きました。それが現在の主要な艦載機になっています。そして、F－14の後継と言ったらおかしいけども、いわゆるF－35Cがもう片方の航空機になり、F／A－18との2機種運用というのがこれからの空母艦隊の主力になるわけです。

桜林：そういう違いがあったんですね。

小野田（空）：空軍もそうなんですけれども、やっぱりかなりドロドロしているというか、桜林さんが詳しい防衛産業の熾烈《しれつ》な競争が裏にあるのもまた事実です。空軍では、ご承知のようにF－15とF－16が競っています。F－35の配備が進んでいますが、次世代戦闘機が開発中で配備にはまだ時間がかかる中で、F－15とF－16、どちらを残してギャップを埋めるのかという議論が長く続いてきました。今のところF－15を残してアップグレードする方向で進んでいるようですが、なかなか議会からの理解が得られなくて空軍も苦労しています。

どうなる日本の次世代戦闘機

桜林：最後に日本国内の戦闘機、次期戦闘機についても教えていただきたいと思います。イギリスとの共同開発という報道も出ているんですけれども、いかがでしょうか？

小野田：長々と戦闘機の開発の経緯を喋ったのは、実はそこにも繋げる意味があったからです（笑）。航空自衛隊の次期戦闘機FXは、F－2の後継機と位置づけられています。しかし、実際は後継機というよりは、もっとマルチロール化したものにならざるをえないし、そもそも従来の戦闘機の概念が当てはまるのかどうかも疑問です。

なぜかというと、今のウクライナでの戦いがそのまま直線的に2030年代の戦い方に繋がっているかといったら、そうはならないような気がします。

たとえば、無人機がこれだけいろいろな戦争で活用されるようになると、『マーヴェリック』の中で展開されていたように「戦闘機の役割は無人機でいいのではないか」という議論が起こるのは当たり前です。実際、アメリカでも現在、第6世代戦闘機の開発が進められていますが、有人機と無人機の組み合わせを考えているとの情報もあります。「第6世代戦闘機」ではなく「Next Generation Air Dominance（NGAD：次世代航空支配）」と呼ばれていることは前章で述べました。

ですから、今、防衛省が言っている次期戦闘機のイメージというのは、「クラウド・シューティング」と言われる無人機と有人機のネットワーク化によって、敵目標に対して最も適当な機体が攻撃するような形態が考えられています。

ステルス性は当然のことながら必要ですし、有人機と無人機の役割分担も変化していくでしょう。たまたまヨーロッパでも「テンペスト」や「FCAS」といった次期戦闘機を多国籍体制で開発途上であることもあって、「一緒に組んでやっていきましょう」という話になっているのです。

それなら、日本はなぜアメリカと組まないのかというと、アメリカは今、タイミング的にそれに該当する戦闘機開発が行われていないんですよ。先ほどお話した第6世代戦闘機、すなわちNGADに関しては、日本より開発が先行していて、別に日本と組みたいとは思っていない。日本だけがユーザーとなる戦闘機開発では、アメリカは儲からないから、日本により多くシェアをよこせという話になる。これがF－2の時に起きたことです。

桜林：そうですね。

小野田（空）：原型はF－16だけどF－2は日本でしか使っていない。そういうことを踏まえると、次世代戦闘機が欲しい日本とヨーロッパ諸国がある程度共通化した形で共同開発できるよう「要求する性能は違うかもしれないから、どこまで協力できるかお互い検討しましょう」と話し合っているのが今の段階です。

だから、防衛省が出しているペーパーをよく読むと、「サブシステム・レベルでヨーロッパと協力できる部分がないか検討します」と書いてあります。サブシステムというのは、たとえば、エンジン、アビオニクスというレベルのことです。「機体を協力して設計しましょう」なんてことはどこにも書かれていないです。

桜林：実は我々のイメージとは、発想が全然違うということですね。

F-2A（三沢基地）

小野田（空）：そうですね。そもそもそれを本当に「第6世代」と言うのかどうかもわかりません。

桜林：確かに（笑）。ちょっと違うものかもしれないですよね。

小野田（空）：当然のことながら日本にも技術があり、それを伸ばしていかなければいけない。そこは国内企業に頑張ってもらって、それこそF－35を超える先進技術が込められないと、日本は世界のマーケットで、あるいは世界の戦場で戦っていけない。だから、非常に難しい開発になると思います。

おわりに――本書刊行によせて　桜林美佐

本書はYouTube「チャンネルくらら」にて多くの視聴者の方にご覧いただいた「陸・海・空軍人から見たロシアのウクライナ侵攻」シリーズの書籍化第2弾となります。

ちょっと驚いたのは、本のタイトルに「軍人」という言葉が含まれていることによって、どうも、手に取るのを避ける人がいるらしいというのです。

我が国では自衛官が自らを「軍人」と称することはないと思いますが、諸外国から見れば「軍人」に他なりません。これまで「自衛官です」と言うことも憚《はばか》られる時代が続いていたことを考えれば。このように「軍人」という言葉を使うこと自体、日本人には刺激が強すぎるのかもしれませんが、そもそも「自衛官、だけど軍人じゃない」といった理屈で納得してきたことの方がおかしな状態だったのです。

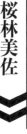

安倍元首相の死

こうした、戦後日本の漠然とした「軍」や「自衛隊」に対する認識を改め、自衛官の地位を確固たるものにしようとしたのが安倍晋三元首相でした。

令和4（2022）年7月8日にその安倍さんが殺害されるとは誰が想像したでしょうか。よく「安倍総理は憲法を変えて海外で戦争をしようとしている！」といった批判を聞きましたが、安倍さんがなぜ憲法を変えようとしていたのか、その理由についてはとかく思い込みが先行していました。

安倍さんの心を強く動かしたのは、自衛官やその家族にぶつけられてきた「憲法違反」の言葉でした。自衛官の子は、自衛隊の家庭に生まれれば、ただでさえ、家族で過ごす時間が少ないなど生活環境は厳しくなりがちです。

入学、卒業、子どもの病気……あらゆる場面でお父さんがいない。そんなことはもはや当たり前で、子どもが引きこもりがちになってしまうなど、多くの自衛官家庭が大なり小なり悩みを抱えています。しかし、日本人特有の「職場に家庭を持ち込まない」精神はここにも存在し、これまで実態は掌握されることもなく、十分なケアもされてきませんでした。

ところが、逆に自衛官の子どもたちには親の職場が教育現場に持ち込まれていました。「お父さんは憲法違反」「人殺しの訓練をしている」と教師から言われていたのです。

この事実を知った安倍さんは、憲法改正を政治家の責務だと強く考えたといいます。

右派も批判した改憲案

一方、このような子どもに対するいじめは昔の逸話であり、現在は災害派遣などの実績などから国民の自衛隊に対する感情は大きく変化しており、わざわざ今さら憲法に明記する必要はないという意見もありました。

これに対し、安倍さんはこのように答えています。「それは、これまで自衛隊が歯を食いしばって耐え、築いてきた信頼のたまもの、今度は政治の側が責任を果たさなければならない」と。依然として自衛隊を「合憲」とする憲法学者が3割に満たない現実があり「自衛隊には違憲論がある」と書かれている教科書で子どもたちは学んでいます。その環境を変えること、すなわち「自衛隊違憲論に終止符を打つ」、それが安倍さんの強い思いでした。

安倍さんの案は、憲法9条1項と、2項「陸海空軍その他の戦力は保持しない。国の交戦権は、これを認めない」という表現は変えずに「自衛隊」を明記する、そのことから「9条改憲」というより「自衛隊明記」と表現されるようになりました。これは、全面改憲を目指す人たちにとっては物足りない案で、むしろ「それならやらない方がいい」という批判もありました。

しかし、安倍さんは味方である勢力からのこういった反論の中でもこれを総裁選3期目の公約に掲げ勝利し、自民党の選挙公約にしたのです。相当な覚悟だったと言えるでしょう。

涙を拭い果たすべき残された者の責務

この夏（2022年）は、自衛隊でも3年ぶりに新型コロナによる規制がないお盆休みを過ごせることになりました。世の中の多くの人たちと違うのは、自衛隊では部隊にコロナを持ち込ませないために、立場によってはこの3年近く家族と会わずに過ごした人もいることです。

ある意味「国防の犠牲」になっている自衛官の子どもや家族に対するサポートは、真に強い国にするためには不可欠だと私は思います。自分は自衛官の子だから、と黙って我慢している子がたくさんいるのです。まして、その人たち対して、感謝するどころか、憲法違反のレッテル貼りが繰り返されているようでは、いくら高性能の戦闘機やミサイルを持ったとしても精強な軍にはなりえません。

いわば国防の足腰を強めるために、安倍さんが「歯を食いしばって」果たそうとしたことに、こんどは安倍さんの功績の受益者である国民がどのように応えていくのか、残された私たちは涙を拭い、これからすべきことを模索しなければならないのでしょう。

防衛費倍増時代の厳しさ

陸、海、空の3将軍による対談では、しばしば日本の防衛費に関する話題も出ました。今まさに防衛費を今後5年でGDP比2%にまで増額するという議論が熱を帯びているからです。これも安倍さんの遺産だと言えます。実際、政府は6月に公表した骨太の方針において「防衛力を5年以内に抜本的に強化する」としています。

こうした方針に、これまで防衛予算を厳しく査定してきた財務省も当然、歩調を合わせ、まさにこれから省庁を超えたオールジャパンでの取り組みが始められることになるのですが、問題は防衛力の「抜本的強化」に対する認識の違いです。

財務側はNATOの「国防関係支出」には、日本の海上保安庁に該当する沿岸警備費用やPKO拠出金、軍人恩給が含まれているのだからそれらを計上すべきだというだけでなく「安全保障の観点」から、他省庁の予算もそこに入れることはできないかを検討しているといいます。

一方で、戦車などの従来の防衛力に対しては否定的な見解を示していますので、この防衛費増額論議は、既存の防衛力大幅カットの可能性さえありそうなのです。

「安全保障に資する」と言ったら、農業でも建築業でもなんでもそれに当てはまらないものはないでしょう。もちろん、自衛隊が利用する空港・港湾のインフラ整備などを防衛力強化のために整理する、そのことに異論はありませんが、それを防衛省がハンドリングすることができないのなら、単に予算だけを計上することになってしまいます。

このままでは信号機も郵便ポストも「安全保障」に関係するといって盛り込まれるのではないかと心配になります。ともあれ、そもそも防衛費が絶対的に不足していることから増額の議論は始まっているわけですから、その出発点に立ち返った議論を望みたいものです。

自衛隊に対する信頼

一方で、自衛隊は国民の信頼を得るようになった、と先述しましたが、実は財務省をはじめとする一部政府関係者はまだ自衛隊を信用していないと言えます。

自衛隊の〝貧乏〟状態は目を覆うレベルですが、一方で5兆円という巨額の予算＝国民の税金を使っていることは事実です。武器というものは、それを使えるように常に訓練し、刀を研いでおくことが抑止力になりますが、刀を抜いた時点で抑止は失敗しています。つまり究極は「使わないこと」を目指すわけです。なぜ使わないものにお金をかけるのかという疑問に、防衛省・自衛隊は常に明確に答え、個々の保有理由について説明する必要があります。

ただ、私たちがコロナ発生前にマスクの重要性を知らなかったのと同様に、未来予測に基づく装備品や防衛力の意味は説得力に欠けるものにならざるをえません。

ましてや、各幕僚監部がそれぞれの責任範囲内でまとめた予算要求を積み上げる方式では「陸海空自衛隊が欲しいおもちゃを買おうとしている」ように外野からは見られてしまいがちなのです。よく「財務省が予算をカットした」という一部の経験談を受けて、最近は財務省が諸悪の根源のようにネット上などで言われているようですが、カットされた苦い経験は主観的になってしまいがちで、他の幕僚監部からどのような予算要求がなされているかなど全体像を知らない場合が多いように思います。

陸海空自衛隊は横の繋がりが薄く、すべての情報が交わされていたとは言えないため、重複している案件など無駄が多いと判断されていたのです。

構造的な問題

これは陸海空自衛隊が力を合わせることは良くないことだという考え方に基づき予算の奪い合いをさせ、統合力が強化されないようにしてきた負の遺産だと言えます。

時は移り、今は統合幕僚監部において統合運用を念頭にした防衛力整備が進められています。宇宙・サイバー・電磁波といった「新領域」への資源配分も早急に求められている昨今、この流れは時代の要請だと言えるでしょう。

今後は防衛省・自衛隊自身が全体を見回して決めた予算要求をすることになります。統幕というフィルターを通ったものは「真に必要な防衛力」だと判断されるという、まさに自衛隊の真価が問われる時代に突入したのです。

安倍政権ではいわゆる「政軍関係」の健全化も図られ、戦後一貫として自衛隊から距離を置かれていた官邸に統幕長が頻繁に入り直接報告をするようになりました。

このことは、自衛官にとってのプレッシャーもまた一段上がった環境ではないかと想像します。こうした新しい時代において、3将軍の経験談が盛り込まれた本書が自衛隊の将来を導き、安倍元首相の遺志の実現に役立てることを願ってやみません。

前回に引き続き、対談の企画・演出は「チャンネルくらら」のまついみかさんによるものです。今回は、憲政史研究家の倉山満さん、評論家の江崎道朗さんも司会を務められました。そして書籍化第2弾を実現してくださった株式会社ワニブックスの川本悟史さんに心より御礼申し上げます。

ウクライナ、そしてロシアに一日も早く平和がもたらされることを祈りながら。

2022年11月

桜林美佐

チャンネルくらら

本書は、YouTube チャンネルくらら 特別番組「陸・海・空 軍人から見たロシアのウクライナ侵攻」を元に、再編集をいたしました。
配信日は各章の冒頭に記載しています。
なお、動画はいつでもYouTubeで見ることができます。

救国シンクタンクの動画はチャンネルくららでもご覧になれます。

チャンネルくらら（主宰　倉山満）
https://www.youtube.com/channel/UCDrXxofz1ClOo9vqwHqflyg

一般社団法人 **救国シンクタンク**

減税と規制改革で、
民間の活力を強めるため
「提言」・「普及」・「実現」を
目指しています。

救国シンクタンクは、会員の皆様のご支援で、研究、活動を実施しています。
ぜひ、運営にご協力をお願いします。

会員特典

① 毎日メルマガ配信「重要ニュース」
忙しい方用に、国内外の重要情報を整理してお届けします。
②「救国の為に必要な知見」
研究会の議事要旨から重要情報と解説をお送りします。
③ 研究員のレポート・提言をお送りします。
④ 公開研究会への参加

お申し込み、お問い合わせは救国シンクタンク公式サイトへ **https://kyuukoku.com/**

《ゲスト著者プロフィール》

倉山満（くらやま みつる）

憲政史研究家。1973年(昭和48年)、香川県生まれ。（一般社団法人）救国シンクタンク理事長・所長。1996年、中央大学文学部史学科国史学専攻卒業後、同大学院博士後期課程単位取得満期退学。在学中より国士舘大学日本政教研究所非常勤研究員を務め、2015年まで日本国憲法を教える。2012年、希望日本研究所所長を務める。

主な著書に、『ウッドロー・ウィルソン 全世界を不幸にした大悪魔』（PHP新書）『検証 検察庁の近現代史』（光文社新書）『嘘だらけの日米近現代史』などをはじめとする「嘘だらけシリーズ」『13歳からの「くにまもり」』（いずれも扶桑社新書）、『大間違いの太平洋戦争』（KKベストセラーズ）、『バカよさらば プロパガンダで読み解く日本の真実』『若者に伝えたい 英雄たちの世界史』『救国のアーカイブ』（いずれもワニブックス刊）など多数。現在、ブログ「倉山満の砦」やコンテンツ配信サービス「倉山塾」や「チャンネルくらら」などで積極的に言論活動を行っている。

江崎道朗（えざきみちお）

評論家。1962年（昭和37年）東京都生まれ。九州大学文学部哲学科卒業後、月刊誌編集、団体職員、国会議員政策スタッフなどを経て2016年夏から本格的に評論活動を開始。主な研究テーマは近現代史、外交・安全保障、インテリジェンスなど。社団法人日本戦略研究フォーラム政策提言委員。産経新聞「正論」執筆メンバー。2020年フジサンケイグループ第20回正論新風賞受賞。

主な著書に『アメリカ側から見た東京裁判史観の虚妄』（祥伝社新書）、『コミンテルンの謀略と日本の敗戦』（第27回山本七平賞最終候補作、PHP新書）、『日本占領と「敗戦革命」の危機』（PHP新書）、『日本は誰と戦ったのか』（第1回アパ日本再興大賞受賞作、ワニブックス）、『インテリジェンスで読み解く 米中と経済安保』（扶桑社）、『ミトロヒン文書KGB（ソ連）・工作の近現代史』『インテリジェンスで読む日中戦争』（いずれも監修、ワニブックス）など多数。

公式サイト　https://ezakimichio.info/
ツイッター　@ezakimichio

《著者プロフィール》

昭和29年生まれ。神奈川県横浜市出身。防衛大学校第21期生(航空工学専攻)。航空自衛隊幹部学校指揮幕僚課程。防衛研究所一般課程。主要職歴(自衛隊)航空幕僚監部防衛課長、第3補給処長、第7航空団司令兼百里基地司令、航空幕僚監部人事教育部長、西部航空方面隊司令官、航空教育集団司令官(最終補職)。退職時の階級は「空将」。ハーバード大学シニア・フェローを経て、現在は、東芝電波プロダクツ(株)顧問。(一社)日本安全保障戦略研究所上席研究員。(一社)平和・安全保障研究所理事。コールサイン「Axe」。

昭和33年生まれ。愛知県名古屋市出身。防衛大学校第25期生。機械工学専攻。筑波大学大学院修士課程修了、修士(地域研究)。主要職歴(自衛隊)潜水艦はやしお艦長、在米国防衛駐在官、海幕情報課長、情報本部情報官、海幕指揮通信情報部長、第二術科学校長、統合幕僚学校長を経て、海上自衛隊呉地方総監(最終補職)。退職時の階級は「海将」。金沢工業大学大学院(虎ノ門キャンパス)教授(専門:リスクマネジメント、リーダーシップ・フォロワーシップ)。日本戦略研究フォーラム政策提言委員、日本安全保障・危機管理学会理事、全国防衛協会連合会常任理事、趣味:ゴルフ、ウオーキング、オペラ歌唱。

小川清史
（おがわ きよし）

昭和35年生まれ。徳島県出身。防衛大学校第26期生、土木工学専攻・陸上自衛隊幹部学校、第36期指揮幕僚課程。米陸軍歩兵学校及び指揮幕僚大学留学。主要職歴（自衛隊）第8普通科連隊長兼米子駐屯地司令、自衛隊東京地方協力本部長、陸上幕僚監部装備部長、第6師団長、陸上自衛隊幹部学校長、西部方面総監（最終補職）。退職時の階級は「陸将」。現在、日本安全保障戦略研究所上席研究員。日課として、毎朝マンデリン（珈琲）をドリップで淹れること。趣味：イラスト描き、書道、茶道。

桜林美佐
（さくらばやし みさ）

昭和45年生まれ。東京都出身、日本大学芸術学部卒。防衛・安全保障問題を研究・執筆。2013年防衛研究所特別課程修了。防衛省「防衛生産・技術基盤研究会」、内閣府「災害時多目的船に関する検討会」委員、防衛省「防衛問題を語る懇談会」メンバー等歴任。安全保障懇話会理事。国家基本問題研究所客員研究員。防衛整備基盤協会評議員。著書に『日本に自衛隊にいてよかった ——自衛隊の東日本大震災』（産経新聞出版）、『ありがとう、金剛丸〜星になった小さな自衛隊員〜』（ワニブックス刊）、『自衛隊と防衛産業』（並木書房）『危機迫る 日本の防衛産業』（産経NF文庫）など多数。趣味は朗読、歌。

陸《りく》・海《かい》・空《くう》 究極のブリーフィング

宇露戦争《うろせんそう》、台湾《たいわん》、ウサデン、防衛費《ぼうえいひ》、安全保障《あんぜんほしょう》の行方《ゆくえ》

2023年1月20日　初版発行

著　者　小川清史　元陸将
伊藤俊幸　元海将
小野田治　元空将
桜林美佐　防衛問題研究家
倉山満
江崎道朗

構　成　吉田渉吾
校　正　大熊真一（ロスタイム）
編　集　川本悟史（ワニブックス）
協　力　「チャンネルくらら」松井プロダクション

発行者　横内正昭
編集人　岩尾雅彦
発行所　株式会社 ワニブックス
〒150-8482
東京都渋谷区恵比寿4-4-9 えびす大黒ビル
電話　03-5449-2711（代表）
03-5449-2716（編集部）
ワニブックスHP　http://www.wani.co.jp/
WANI BOOKOUT　http://www.wanibookout.com/
WANI BOOKS News Crunch　https://wanibooks-newscrunch.com/

印刷所　株式会社光邦
ＤＴＰ　アクアスピリット
製本所　ナショナル製本

定価はカバーに表示してあります。
落丁本・乱丁本は小社管理部宛にお送りください。送料は小社負担にてお取替えいたします。ただし、古書店等で購入したものに関してはお取替えできません。本書の一部、または全部を無断で複写・複製・転載・公衆送信することは法律で認められた範囲を除いて禁じられています。
©小川清史、伊藤俊幸、小野田治、桜林美佐、倉山満、江崎道朗、チャンネルくらら 2023
ISBN 978-4-8470-7268-0